孤灯不明思欲绝
卷帷望月空长叹
美人如花隔云端

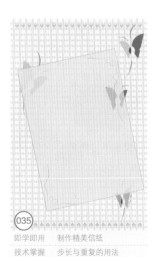

043 即学即用　绘制黑白猪
技术掌握　贝塞尔工具的用法

054 即学即用　绘制风景插画卡片
技术掌握　钢笔工具的用法

060 课后习题　绘制抽象树
技术掌握　艺术笔工具的用法

064 即学即用　绘制文艺信封
技术掌握　矩形工具的用法

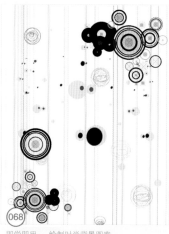

068 即学即用　绘制时尚背景图案
技术掌握　椭圆形工具的用法

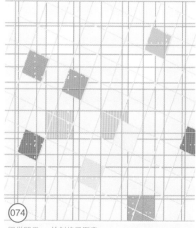

074 即学即用　绘制格子图案
技术掌握　图纸工具的用法

079 课后习题　绘制万圣节海报
技术掌握　矩形工具的使用方法

080 课后习题　绘制数字图案
技术掌握　多边形工具的用法

088 即学即用　绘制卡通刺猬
技术掌握　粗糙工具的用法

103　即学即用　制作怀旧卡片
技术掌握　修剪命令的用法

109　即学即用　绘制"茶"字
技术掌握　边界命令的用法

110　课后习题　绘制文字"味道"
技术掌握　形状工具的用法

090　即学即用　制作儿童照片墙
技术掌握　裁剪工具的用法

111　课后习题　绘制卡通狮子
技术掌握　沾染工具的用法

112　课后习题　制作精美儿童照
技术掌握　图框精确裁剪的用法

120　即学即用　制作母亲节卡片背景
技术掌握　渐变填充的用法

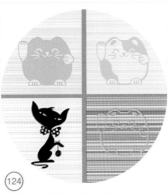

124　即学即用　制作圆形底纹卡通图案
技术掌握　底纹填充的用法

133

课后习题　绘制可爱卡通小熊

技术掌握　均匀填充

139

即学即用　绘制帆船

技术掌握　轮廓线宽度的用法

144

即学即用　制作立体轮廓文字

技术掌握　轮廓线转对象

148

课后习题　绘制棒球帽

技术掌握　轮廓线样式

147

课后习题　制作城市剪影图标

技术掌握　轮廓线宽度和样式的运用

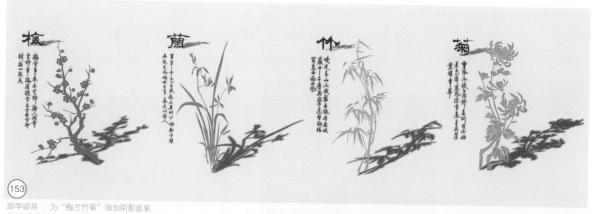

(153)

即学即用　　为"梅兰竹菊"添加阴影效果

技术掌握　　阴影的用法

(161)

即学即用　　用轮廓图绘制背景和文字

技术掌握　　拆分轮廓图的用法

(173)

即学即用　　绘制水蜜桃

技术掌握　　调和工具的用法

(183)

即学即用　　绘制立体字

技术掌握　　立体工具的用法

(193)

课后习题　　制作卡通节日卡片

技术掌握　　变形工具的用法

(194)

课后习题　制作放大字体效果

技术掌握　封套工具的用法

(197)

即学即用　世界读书日宣传卡片

技术掌握　美术文本的用法

(211)

即学即用　制作儿童节宣传卡片

技术掌握　文本绕图的用法

(214)

即学即用　制作保护环境图标

技术掌握　文本适合路径的用法

(205)

即学即用　制作诗歌书籍内页

技术掌握　文本工具的用法

(221)

即学即用　制作卡通课表

技术掌握　表格的绘制方法

(227)

即学即用　制作明信片

技术掌握　表格的绘制及设置的方法

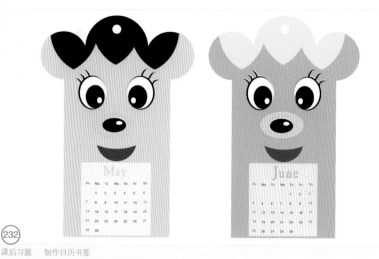

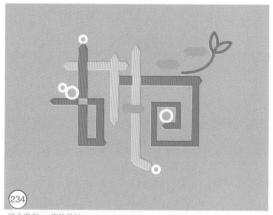

(239)

综合案例　海报设计
技术掌握　海报的绘制方法

(244)

综合案例　版式设计
技术掌握　版式的设计方法

(247)

综合案例　产品包装设计
技术掌握　产品包装的设计方法

HAPPY
Women's
DAY

中文版 **CorelDRAW X7**
从入门到精通
实用教程

微课版

互联网 + 数字艺术教育研究院 策划
余新咏 刘乐 田莉莉 编著

人民邮电出版社
北京

图书在版编目（CIP）数据

中文版CorelDRAW X7从入门到精通实用教程：微课版 / 余新咏，刘乐，田莉莉编著. -- 北京 ：人民邮电出版社，2018.2（2020.8重印）
ISBN 978-7-115-45658-8

Ⅰ. ①中… Ⅱ. ①余… ②刘… ③田… Ⅲ. ①图形软件—教材 Ⅳ. ①TP391.41

中国版本图书馆CIP数据核字(2017)第098212号

内 容 提 要

本书系统介绍 CorelDRAW X7 的基本功能，从最基础的知识开始，以循序渐进的方式详细讲解对象的基本操作、线型工具的使用、几何图形工具的使用、图形的修饰与编辑、图形的填充、轮廓线的操作、图像的效果操作、文本与表格。在最后一章，综合运用前面所讲的知识进行案例制作，包括字体设计、插画设计、海报设计、Logo 设计、版式设计和产品包装设计。通过案例和综合练习的训练，读者可以使用 CorelDRAW X7 自主绘制和处理图形。

本书以"理论结合实例"的形式进行编写，共 10 章，包含 52 个实例（29 个即学即用+17 个课后习题+6 个综合案例）。每个案例都详细介绍了制作流程，图文并茂、操作性强。除此之外，每个章节都配有课后练习，方便读者在学习完当前章节后进行练习和巩固。本书还附赠丰富的资源包，内容包括所有案例的实例效果、原始素材、多媒体教学视频。

本书不仅可作为普通高等院校相关专业的教材，还非常适合作为零基础读者的入门及提高参考书。另外，本书所有内容均采用中文版 CorelDRAW X7 进行编写，请读者注意。

◆ 策　　划　互联网+数字艺术教育研究院

编　　著　余新咏　刘　乐　田莉莉

责任编辑　税梦玲

责任印制　陈　犇

◆ 人民邮电出版社出版发行　北京市丰台区成寿寺路 11 号

邮编　100164　电子邮件　315@ptpress.com.cn

网址　http://www.ptpress.com.cn

固安县铭成印刷有限公司印刷

◆ 开本：787×1092　1/16　　彩插：4

印张：16.75　　　　　　2018 年 2 月第 1 版

字数：490 千字　　　　　2020 年 8 月河北第 4 次印刷

定价：79.80 元（附光盘）

读者服务热线：(010)81055256　印装质量热线：(010)81055316

反盗版热线：(010)81055315

广告经营许可证：京东市监广登字20170147号

编写目的

CorelDRAW是Corel公司旗下知名的图形设计软件,自诞生以来就一直受到设计师的喜爱,也是当今世界上用户群最多的矢量图形设计软件之一。其功能非常强大,应用领域也非常广泛,涉及插画设计、字体设计、版式设计、Logo设计、海报设计、包装设计等。这也使其在平面设计、商业插画、VI设计和工业设计等领域中占据领导地位,成为全球深受欢迎的矢量绘图软件之一。

为帮助读者更有效地掌握所学知识,人民邮电出版社充分发挥在线教育方面的技术优势、内容优势和人才优势,潜心研究,为读者提供一种"纸质图书+在线课程"相配套,全方位学习CorelDRAW软件的解决方案,读者可根据个人需求,利用图书和"微课云课堂"平台上的在线课程进行碎片化、移动化的学习。

平台支撑

"微课云课堂"目前包含近50 000个微课视频,在资源展现上分为"微课云""云课堂"这两种形式。其中,"微课云"是该平台中所有微课的集中展示区,用户可随需选择;"云课堂"是在现有微课云的基础上,为用户提供的推荐课程群,用户可以在"云课堂"中按推荐的课程进行系统化学习,也可以将"微课云"中的内容进行自由组合,定制符合自己需求的课程。

❖ "微课云课堂"主要特点

微课资源海量,持续不断更新:"微课云课堂"充分利用了人民邮电出版社在信息技术领域的优势,以该社60多年的发展积累为基础,将资源经过分类、整理、加工以及微课化之后提供给用户。

资源精心分类,方便自主学习:"微课云课堂"相当于一个庞大的微课视频资源库,按照门类以及难度等级进行分类,不同专业、不同层次的用户均可以在该平台中搜索到自己需要或者感兴趣的内容资源。

多终端自适应,碎片化移动化:"微课云课堂"中绝大部分微课时长不超过10分钟,能够满足读者碎片化学习的需要;该平台支持多终端自适应显示,除了在PC端使用外,用户还可以在移动端随心所欲地学习。

❖ "微课云课堂"使用方法

扫描封面上的二维码或者直接登录"微课云课堂"(www.ryweike.com)→用手机号码注册→在用户中心输入本书激活码(02ff77c5),将本书包含的微课资源添加到个人账户,获取永久在线观看本课程微课视频的权限。

此外,购买本书的读者还将获得为期一年价值168元VIP会员资格,可免费学习50 000个微课视频。

内容特点

本书共分为10章，第1章为CorelDRAW软件简介，第2~9章为操作软件的理论知识和案例，最后一章是综合练习，帮助读者综合运用所学知识。为了方便读者快速高效地学习和掌握CorelDRAW软件知识，本书在内容编排上进行了优化，按照"功能解析—即学即用—课后习题"这一思路进行编排。另外，本书还特意设计了很多"技巧与提示"和"疑难解答"，读者千万不要跳读这些"小模块"，它们会给您带来意外的惊喜。

功能解析：结合实例对软件的功能和重要参数进行解析，让读者可深入掌握该功能。

即学即用：通过作者精心制作的练习，读者能快速熟悉软件的基本操作和设计思路。

课后习题：可强化刚学完的重要知识。

技巧与提示：帮助读者进一步拓展所学知识，同时也提供了一些实用技巧。

疑难问答：针对初学者最容易疑惑的各种问题进行解答。

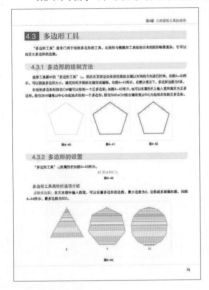
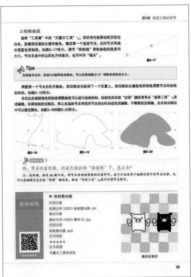

配套资源

为方便读者线下学习或教师教学，本书除了提供线上学习的支撑以外，还附赠一张光盘，光盘中包括"素材文件"、"实例文件"、"微课视频"和"PPT课件"。

素材文件：包含书中所有案例所需要的全部素材图片。

实例文件：包含书中所有已制作完成案例的CDR文件。

微课视频：包含书中所有已制作完成案例的操作视频。

PPT课件：包含与书配套、制作精美的PPT文件。

致谢

本书由互联网+数字艺术教育研究院策划，由余新咏、刘乐、田莉莉编著，另外，相关专业制作公司的设计师为本书提供了很多精彩的商业案例，也在此表示感谢。

编 者

2017年10月

CorelDRAW X7

目录
CONTENTS

CHAPTER

01

CorelDRAW X7简介

本章详细地介绍了CorelDRAW X7软件的基础知识，包括它的应用领域、兼容性、矢量图与位图、工作界面、标尺和基本操作。通过本章的学习，读者可以对CorelDRAW X7有一个初步的认识，为更好地学习后面章节的知识打下基础。

* CorelDRAW X7的应用领域
* CorelDRAW X7的兼容性
* 矢量图与位图

* CorelDRAW X7的工作界面
* CorelDRAW X7的基本操作

1.1 CorelDRAW X7的应用领域

CorelDRAW是加拿大Corel公司出品的一款知名的矢量图形制作工具软件，更是一款屡获殊荣的图形图像编辑软件。它包含两个绘图应用程序：一个用于矢量图绘制及页面设计，另一个用于图像编辑。这两个应用程序的组合带给用户强大的交互式体验，具有很强的灵活性。

CorelDRAW X7是一款功能强大且深受广大平面设计者青睐的图形设计软件，它涉及的领域非常多，已广泛地运用于插画设计、字体设计、产品包装设计、Logo设计和印刷排版等领域。

1.1.1 插画设计

用CorelDRAW X7绘图软件进行插画设计，可以得到更合适的效果，因为CorelDRAW X7作为一款流行的绘图软件，可以配合Flash等矢量动画软件一起使用，来进行网页动画设计、漫画创作以及插画设计，如图1-1所示。

图1-1

1.1.2 字体设计

CorelDRAW X7非常适用于美工字体的设计，用它制作出来的字体具有很强的灵活性，可以达到千变万化的强大效果，如图1-2所示。

图1-2

1.1.3 产品包装设计

包装设计中经常需要绘制一些平面图、三面视图以及最终效果图。在这些图的制作中，当然少不了 CorelDRAW X7绘图软件。利用该软件进行产品的包装设计，对产品的宣传和销售都有很大的帮助。拥有精美 的包装可使产品从众多商品中脱颖而出，如图1-3所示。

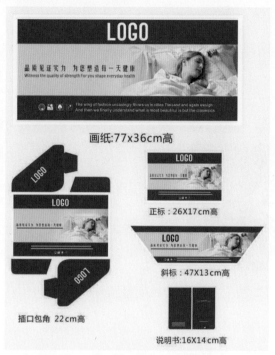

图1-3

1.1.4 Logo设计

使用CorelDRAW X7制作的Logo易于识别，且趣味性很强，如图1-4所示。

图1-4

1.1.5 印刷排版

排版设计最主要的是可观性，在CorelDRAW X7绘图软件中应用最多的就是字体和图案的排版。它对文字的支持可以达一万字以上，并且可以无限的缩放文字，因此广告公司大多使用CorelDRAW X7绘图软件做最后的版式设计和文字处理，如图1-5所示。

图1-5

1.2　CorelDRAW X7的兼容性

如今，平面制作领域里已经涉及很多相关的软件，文件格式也相对具有多样性，CorelDRAW X7可以兼容多种格式的文件，对使用者导入不同格式的素材并进行编辑是非常方便的。不仅如此，CorelDRAW X7还可以将编辑完成的内容以多种格式输出，方便在以后的工作中导入如Photoshop、Flash等设计软件中进行二次编辑。

1.3　矢量图与位图

图像主要分为矢量图和位图。矢量图无论放大或缩小都不会模糊，而位图是由像素组成，超出像素范围图片就会模糊。

1.3.1 矢量图

CorelDRAW X7软件主要以矢量图形为基础进行创作的，Illustrator和AutoCAD等软件亦是如此。矢量图也称为"矢量形状"或"矢量对象"，在数学上被定义为一系列由线连接的点。矢量文件中每个对象都是自成一体的一个实体，它具有颜色、形状、大小和屏幕位置等属性，可以直接进行轮廓修饰、颜色填充和效果添加等操作。

矢量图与分辨率无关，因此无论是进行移动还是修改都不会丢失细节或影响其清晰度。例如，调整矢量图形的大小、将矢量图形打印到任何尺寸的介质上、在PDF文件中保存矢量图形或将其导入基于矢量的图形应用程序中，矢量图形都将保持清晰的边缘。如图1-6所示为原图，将其放大到400%，图像仍然很清晰，没有出现任何锯齿，效果如图1-7所示。

图1-6

图1-7

1.3.2 位图

位图也称为"栅格图像"，也就是通常所说的"点阵图像"或"绘制图像"。它由众多像素组成，每个像素都会被分配一个特定的位置和颜色值。因此，在编辑位图时只针对图像像素而不是直接编辑形状或填充颜色。将位图放大后图像会"发虚"，可以清晰地观察到图像中有很多像素小方块，这些小方块就是构成图像的像素。图1-8所示为原图，将其放大到200%，就会出现非常严重的马赛克现象，效果如图1-9所示。

图1-8

图1-9

1.4 位图和矢量图的转换

CorelDRAW X7软件可以实现矢量图和位图的互相转换。它通过将位图转换为矢量图，可以对图像进行填充、变形等编辑；通过将矢量图转换为位图，可以进行位图的相关效果添加，也可以降低图像处理的难度。

1.4.1 矢量图转位图

在设计制作中，我们需要将矢量对象转换为位图以便于添加颜色调和、滤镜等一些位图编辑效果，以此来丰富设计效果。例如绘制光斑、贴图等，下面进行详细的讲解。

1.转换操作

首先选中要转换为位图的对象，然后执行"位图>转换为位图"菜单命令，打开"转换为位图"对话框，接着在"转换为位图"对话框中选择相应的设置模式，最后单击"确定"按钮完成转换。

2.选项设置

"转换为位图"的参数设置如图1-10所示。

图1-10

参数介绍

分辨率：用于设置对象转换为位图后的清晰程度，可以在后面的下拉选项中选择相应的分辨率，也可以直接输入需要的数值。数值越大图像越清晰，数值越小图像越模糊，就会出现马赛克现象。

颜色模式：用于设置位图的颜色显示，包括"黑白（1位）""16色（4位）""灰度（8位）""调色板色（8位）""RGB色（24位）""CMYK色（32位）"，如图1-6所示。颜色位数越少，丰富程度越低。

递色处理的：以模拟的颜色块数目来显示更多的颜色，该选项在可使用颜色位数少时被激活，如"颜色模式"为8位色或更少。勾选该选项后转换的位图以颜色块来丰富颜色效果，未勾选时，转换的位图以选择的颜色模式显示。

总是叠印黑色：勾选该选项可以在印刷时避免套版不准和露白，在"RGB色"和"CMYK色"模式下激活。

光滑处理：使转换的位图边缘平滑，去除边缘锯齿。

透明背景：勾选该选项可以使转换对象背景透明，不勾选时显示为白色背景。

1.4.2 描摹位图

描摹位图就是把位图转换为矢量图形，进行编辑填充等操作。用户可以在"位图"菜单栏下选择操作，也可以在属性栏上单击"描摹位图"在弹出的下拉菜单上选择操作，描摹位图的方式包括"快速描摹""中心线描摹"和"轮廓描摹"。

1.5 工作界面

CorelDRAW X7的工作界面布局具有合理化和人性化的特点，在默认情况下，它的工作界面由标题栏、菜单栏、常用工具栏、属性栏、文档标题栏、工具箱、页面、工作区、标尺、导航器、状态栏、调色板、泊坞窗、视图导航器、滚动条和用户登录按钮这16部分组成，如图1-11所示。

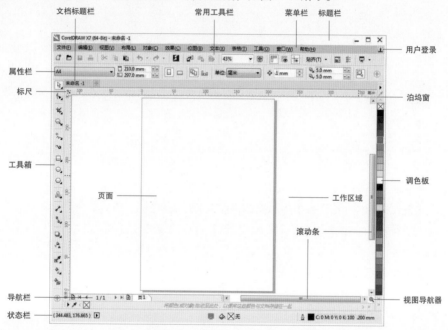

图1-11

Tips

CorelDRAW X7在最初启动时泊坞窗是没有显示出来的，可以执行"窗口>泊坞窗"菜单命令调出泊坞窗。

1.5.1 标题栏

标题栏位于界面的最上方，标注软件名称和当前编辑文档的名称，如图1-12所示，标题显示黑色为激活状态。

图1-12

1.5.2 菜单栏

CorelDRAW X7的"菜单栏"中包含常用的12组主菜单，分别是"文件""编辑""视图""布局""对象""效果""位图""文本""表格""工具""窗口"和"帮助"，如图1-13所示。单击相应的相应的主菜单，即可打开该菜单下的命令。

文件(F) 编辑(E) 视图(V) 布局(L) 对象(C) 效果(C) 位图(B) 文本(X) 表格(T) 工具(O) 窗口(W) 帮助(H)

图1-13

1.5.3 常用工具栏

CorelDRAW X7 的"常用工具栏"包含常用基本工具图标，方便我们直接单击使用，如图1-14所示。

图1-14

常用工具栏选项介绍

新建：创建一个新文档。

打开：打开已有的cdr文档。

保存：保存编辑的内容。

打印：将当前文档打印输出。

剪切：剪切选中的对象。

复制：复制选中的对象。

粘贴：从剪切板中粘贴对象。

撤销：取消前面的操作（在下拉面板可以选择撤销的详细步骤）。

重做：重新执行撤销的步骤（在下拉面板可以选择重做的详细步骤）。

搜索内容：使用Corel CONNECT X7坞窗进行搜索字体、图片等连接。

导入：将文件导入正在编辑的文档

导出：将编辑好的文件另存为其他格式进行输出。

发布为PDF：将文件导出为PDF格式。

缩放级别 68%：输入数值来指定当前视图的缩放比例。

全屏预览：显示文档的全屏预览。

显示网格：显示或隐藏文档网格。

显示辅助线：显示或隐藏辅助线。

贴齐 贴齐(T)：在下拉选项中选择页面对象的贴齐方式。

欢迎屏幕：快速开启"立即开始"对话框。

选项：快速开启"选项"对话框进行相关设置。

应用程序启动器：快速启动Corel的其他应用程序。

1.5.4 属性栏

单击"工具箱"中的工具时，属性栏上就会显示该工具的属性设置。属性栏在默认情况下为页面设置属性，如图1-15所示。

图1-15

1.5.5 工具箱

"工具箱"提供了文档编辑的常用工具，并以用途进行分类，如图1-16所示。按住左键拖动工具右下角的下拉箭头可以打开隐藏的工具组更换需要的工具，如图1-17所示。

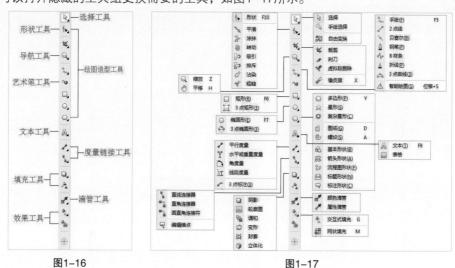

图1-16 图1-17

1.5.6 标尺

标尺具有辅助精确制图和缩放对象的作用，默认情况下，原点坐标位于页面左上角。在标尺交叉处拖曳可以移动原点位置，双击交标尺叉点可以回到默认原点，如图1-18所示。

图1-18

1.辅助线的操作

辅助线是用来帮助用户进行准确定位的虚线。它可以位于绘图窗口的任何地方，不会在文件输出时显示，使用鼠标左键拖曳可以添加或移动平行辅助线、垂直辅助线和倾斜辅助线。

Tips

选择单条辅助线：单击辅助线，显示为红色为选中，可以进行相关的编辑。

选择全部辅助线：执行"编辑>全选>辅助线"菜单命令，可以将绘图区内所有未锁定的辅助线选中，方便用户进行整体删除、移动、变色和锁定等操作。

锁定与解锁辅助线：选中需要锁定的辅助线，然后执行"对象>锁定>锁定对象"菜单命令进行锁定；执行"对象>锁定>解锁对象"菜单命令进行解锁。单击鼠标右键，在下拉菜单中执行"锁定对象"和"解锁对象"命令也可进行操作。

贴齐辅助线：在没有使用贴齐时，编辑对象无法精确贴靠在辅助线上，执行"视图>贴齐>辅助线"菜单命令后移动对象就可以进行吸附贴靠。

2.标尺的设置与移位

整体移动标尺位置：将光标移动到标尺交叉处原点 上，按住Shift键同时按住鼠标左键移动标尺交叉点，如图1-19所示。

图1-19

分别移动水平或垂直标尺：将光标移动到水平或垂直标尺上，按住Shift键同时按住鼠标左键移动位置。

1.5.7 页面

页面指工作区中的矩形区域，表示会被输出显示的内容，页面外的内容不会进行输出，编辑时可以自定页面大小和方向，也可以建立多个页面进行同时操作。

1.5.8 导航器

导航器可以进行视图和页面的定位引导，也可以执行跳页和视图移动定位等操作，如图1-20所示。

图1-20

1.5.9　状态栏

状态栏可以显示当前鼠标所在位置和
文档信息，如图1-21所示。

图1-21

1.5.10　调色板

调色板可以使用户进行快速便捷的颜色填充，在色样上单击鼠标左键可以填充对象颜色，单击鼠标右键可以填充轮廓线颜色。用户可以根据相应的菜单栏操作进行调色板颜色的重置和调色板的载入。

Tips

文档调色板位于导航器下方，显示文档编辑过程中使用过的颜色，方便用户进行文档用色预览和重复填充对象，如
图1-22所示。

图1-22

1.5.11　泊坞窗

泊坞窗主要是用来放置管理器和选项面板的，使用切换可以
单击图标展开相应选项面板，如图1-23所示，执行"窗口>泊坞
窗"菜单命令可以添加相应的泊坞窗。

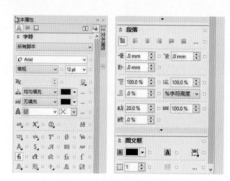

图1-23

1.6　基本操作

为了提高用户的操作效率，CorelDRAW X7的工作界面布局十分人性化，启动CorelDRAW X7后可以观察
到其工作界面。

1.6.1　文档的新建与设置

在打开软件之后，首先需要新建一个文档，然后对默认的页面进行相应的设置，以满足实际操作需要。
只有新建文档之后，才能在页面中绘制或编辑图形。

1.新建文档

新建文档的方法有以下4种。
第1种：在"欢迎屏幕"对话框中单击"新建文档"或"从模板新建"选项。

第2种：执行"文件>新建"菜单命令或直接按 Ctrl+N组合键。

第3种：在常用工具栏上单击"新建"按钮 。

第4种：在文档标题栏上单击"新建"按钮 未命名-1 。

2.设置新文档

在"常用工具栏上"上单击"新建"按钮 打开"创建新文档"对话框，如图1-24所示。在该对话框中可以详细设置文档的相关参数。

图1-24

创建新文档对话框选项介绍

名称：设置文档的名称。

预设目标：设置编辑图形的类型，包含5种："CorelDRAW默认""默认CMYK""Web""默认RGB""自定义"。

大小：选择页面的大小，如A4（默认大小）、A3、B2和网页等，也可以选择"自定义"选项来自行设置文档大小。

宽度：设置页面的宽度，可以在后面选择单位。

高度：设置页面的高度，可以在后面选择单位。

**纵向 /横向 **：这两个按钮用于切换页面的方向。单击"纵向"按钮 为纵向排放页面；单击"横向"按钮 为横向排放页面。

页码数：设置新建的文档页数。

原色模式：选择文档的原色模式（原色模式会影响一些效果中颜色的混合方式，如填充、透明和混合等），一般情况下都选择CMYK或RGB模式。

渲染分辨率：选择光栅化图形后的分辨率。默认RGB模式的分辨率为72dpi，CMYK模式的分辨率为300dpi。

疑难问答 ?

问：什么是光栅化图形？

答：在 CorelDRAW 中，编辑的对象分为位图和矢量图形两种，同时输出对象也分为这两种。当文档中的位图和矢量图形输出为位图格式（如 jpg 和 png 格式）时，其中的矢量图形就会转换为位图，这个转换过程就称为"光栅化"。光栅化后的图像在输出为位图时的单位是"渲染分辨率"，这个数值设置得越大，位图效果越清晰，反之越模糊。

预览模式：选择图像在操作界面中的预览模式（预览模式不影响最终的输出效果），包含"简单线框""线框""草稿""常规""增强"和"像素"6种，其中"增强"的效果最好。

1.6.2 页面操作

页面操作包括设置页面尺寸、添加页面和切换页面等。页面的设置除了可以在新建文档的时候设置，还可以在编辑过程中进行重新设置，当页面不够时，可以添加页面，页面之间可以相互切换。

1.设置页面尺寸

第1种，执行"布局>页面设置"菜单命令，打开"选项"对话框，如图1-25所示。在该对话框中可以对页面的尺寸以及分辨率进行重新设置。在"页面尺寸"选项组下有一个"只将大小应用到当前页面"选项，如果勾选该选项，那么所修改的尺寸就只针对当前页面，不会影响到其他页面。

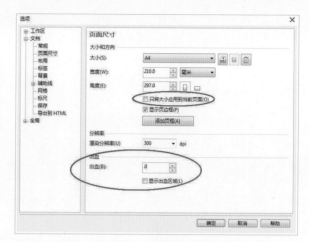

图1-25

Tips

"出血"是排版设计的专用词语，意思是文本的配图在页面显示为溢出状态，超出页边的距离为出血，如图1-26所示。出血区域在打印装帧时会被切掉，以确保在装订时应该占满页面的文字或图像不会留白。

图1-26

第2种，单击页面或其他空白处，可以切换到页面的设置属性栏，如图1-27所示。在属性栏中可以对页面的尺寸、方向以及应用方式进行调整。调整相关数值以后，单击"当前页"按钮可以将设置仅应用于当前页；单击"所有页面"按钮可以将设置应用于所有页面。

图1-27

2.添加页面

如果页面不够，还可以在原有页面上快速添加，在页面下方的导航器上有页数显示与添加页面的相关按钮，如图1-28所示。添加页面的方法有以下2种。

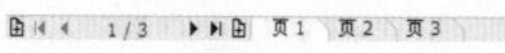

图1-28

第1种，单击页面导航器前后的"添加页"按钮，可以在当前页的前后添加一个或多个页面。这种方法适用于在当前页前后快速添加多个连续的页面。

第2种，选中要插入页的页面标签，然后单击鼠标右键，接着在弹出的菜单中选择"在后面插入页面"或"在前面插入页面"的命令，如图1-29所示。值得注意的是，这种方法适用于在当前页面的前后添加一个页面。

图1-29

3.切换页面

如果需要切换到其他的页面进行编辑，可以单击页面导航器上的页面标签进行快速切换，或者单击 ◀ 和 ▶ 按钮进行跳页操作。如果要切换到起始页或结束页，可以单击 ⏮ 按钮和 ⏭ 按钮。

> 📢 **Tips**
>
> 如果当前文档的页面过多，不方便执行页面切换操作，可以在页面导航器的页数上单击鼠标左键，如图1-30所示，然后在弹出的"转到某页"对话框中输入要转到的页码，如图1-31所示。
>
>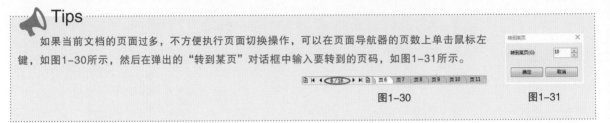
>
> 图1-30   图1-31

1.6.3 打开文件

如果计算机中有CorelDRAW X7的保存文件，可以采用以下5种方法将其打开，然后进行编辑。

第1种，执行"文件>打开"菜单命令，然后在弹出的"打开绘图"对话框中找到要打开的CorelDRAW X7文件（标准格式为.cdr），如图1-32所示。

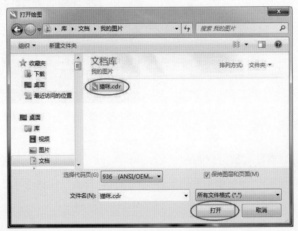

图1-32

第2种，在常用工具栏中单击"打开"图标 📂 也会打开"打开绘图"对话框。

第3种，在"欢迎屏幕"对话框中单击最近使用过的文档（最近使用过的文档会以列表的形式排列在"打开最近用过的文档"下面）。

第4种，在文件夹中找到要打开的CorelDRAW文件，然后双击鼠标左键将其打开。

第5种，在文件夹里找到要打开的CorelDRAW文件，然后使用鼠标左键将其拖曳到CorelDRAW 的操作界面中的灰色区域将其打开，如图1-33所示。

图1-33

1.6.4 导入文件

在实际工作中，经常需要将其他文件导入到文档中进行编辑，比如.jpg、.ai和.tif格式的素材文件，可以采用以下3种方法将文件导入到文档中。

第1种，执行"文件>导入"菜单命令，然后在弹出的"导入"对话框中选择需要导入的文件，如图1-34所示，接着单击"导入"按钮 导入 ▼ 准备好导入，待光标变为直角 ┌ 形状时单击鼠标左键进行导入，如图1-35所示。

图1-34   图1-35

📢 Tips

在确定导入文件后，可以选用以下3种方式来确定导入文件的位置与大小。

第1种，移动到适当的位置单击鼠标左键进行导入，导入的文件为原始大小，导入位置在鼠标单击点处。

第2种，移动到适当的位置使用鼠标左键拖曳出一个范围，然后松开鼠标左键，导入的文件将以定义的大小进行导入。这种方法常用于页面排版。

第3种，直接按Enter键，可以将文件以原始大小导入到文档中，同时导入的文件会以居中的方式在页面中展示。

第2种，在常用工具栏上单击"导入"按钮 ⬚ ，也可以打开"导入"对话框。

第3种，在文件夹中找到要导入的文件，然后将其拖曳到编辑的文档中。采用这种方法导入的文件会按原比例大小进行显示。

1.6.5 导出文件

编辑完成的文档可以导出为不同的保存格式，方便用户导入其他软件中进行编辑，导出方法有以下2种。

第1种，执行"文件>导出"菜单命令打开"导出"对话框，然后选择保存路径，在"文件名"后面文本框中输入名称，接着设置文件的"保存类型"（如：AI、BMP、GIF、JPG），最后单击"导出"按钮 导出 ，如图1-36所示。

图1-36

当选择的"保存类型"为JPG时，弹出"导出到JPEG"对话框，然后设置"颜色模式"（CMYK、RGB、灰度），再设置"质量"调整图片输出显示效果（通常情况下选择高），其他的默认即可，如图1-37所示。

图1-37

第2种，在"常用工具栏"上单击"导出"按钮 ，打开"导出"对话框进行操作。

Tips

导出时有两种方式：第一种为导出页面内编辑的内容，是默认的导出方式；第二种在导出时勾选"只是选定的"复选框，导出的内容为选中的目标对象。

CHAPTER
02
对象操作

在本课中，我们将学习到CorelDRAW X7的对象操作，并详细介绍CorelDRAW X7的对象的选择、对象基本变换、对象的复制、对象的控制、对齐与分布以及步长和重复，这些介绍都能更容易让我们对对象进行简单精确的操作和控制。

* 对象的选择
* 对象基本变换
* 对象的复制

* 对象控制
* 对象的对齐与分布
* 步长和重复运用

2.1 选择对象

在文档编辑过程中选择图形对象是最基本的操作，需要选取单个或多个对象进行编辑操作，下面进行详细的介绍。

2.1.1 选择单个对象

选择"工具栏"中的"选择工具" ，单击要选择的对象，当该对象四周出现黑色控制点时，表示对象被选中，选中后可以对其进行移动和变换等操作，如图2-1所示。

图2-1

2.1.2 选择多个对象

选择"工具栏"中的"选择工具" ，然后按住鼠标左键在空白处拖动出虚线矩形范围，如图2-2所示，松开鼠标后，该范围内的对象全部选中，如图2-3所示。

图2-2

图2-3

2.1.3 选择多个不相连对象

单击"选择工具" ，然后按住Shift键再依次单击不相连的对象进行加选。

2.1.4 全选对象

全选对象的方法有3种。

第1种，单击"选择工具" ，然后按住鼠标左键在所有对象外围拖动虚线进行框选，再松开鼠标，即将所有对象选中。

第2种，双击"选择工具"  可以快速全选编辑的内容。

第3种，执行"编辑>全选"菜单命令，在子菜单选择相应的类型可以全选该
类型所有的对象，如图2-4所示。

图2-4

全选命令选项介绍

对象：选取绘图窗口中所有的对象。

文本：选取绘图窗口中所有的文本。

辅助线：选取绘图窗口中所有的辅助线，被选中的辅助线以红色显示。

节点：选取当前选中对象的所有节点。

Tips

在执行"编辑>全选"菜单命令时，锁定的对象、文本或辅助线不会被选中；双击"选择工具" 进行全选时，全
选类型不包含辅助线和节点。

2.1.5 选择覆盖对象

选择被覆盖的对象时，在使用"选择工具" 选中上方对象后，按住Alt键的同时单击鼠标左键，即可选
中下面被覆盖的对象。再次单击鼠标左键，则可选中下一层的对象，以此类推，重叠在后面的图形都可以被
选中。

2.2 变换对象

在编辑对象时，选中对象可以进行简单快捷的变换或辅助操作，使对象效果更丰富，下面进行详细的介绍。

2.2.1 移动和旋转对象

移动和旋转都是对操作对象的修饰和编辑，使对象效果更加丰富。

1.移动对象

移动对象的方法有3种。

第1种，选中对象，当光标变为 ✛ 时，按住鼠标左键进行拖曳移动（不精确）。

第2种，选中对象，然后利用键盘上的方向键进行移动（相对精确）。

第3种，选中对象，然后执行"对象>变换>位置"菜单命令打开"变换"面板，接着在x轴和y轴后面的
文本框中输入数值，再选择移动的相对位置，最后单击"应用"按钮 应用 完成选中，如图2-5所示。

图2-5

2.旋转对象

旋转的方法有3种。

第1种，双击需要旋转的对象，出现旋转箭头后才可以进行旋转，如图2-6所示；然后将光标移动到标有曲线箭头的锚点上，按住鼠标左键拖动旋转，如图2-7所示。

图2-6

图2-7

第2种，选中对象后，在属性栏上"旋转角度"后面的文本框中输入数值进行旋转，如图2-8所示。

第3种，选中对象后，执行"对象>变换>旋转"菜单命令打开"变换"泊坞窗，再设置"旋转角度"数值，接着选择相对旋转中心，最后单击"应用"按钮 应用 完成，如图2-9所示。

图2-8

图2-9

即学即用

● 制作雨伞

实例位置
实例文件 >CH02> 制作雨伞 .cdr
素材位置
素材文件 >CH02> 素材 01.cdr、02.jpg、03.png、04.png
视频名称
制作雨伞 .mp4
实用指数
★ ★ ★ ★ ☆
技术掌握
旋转的用法

（扫码观看视频）

最终效果图

01 新建一个A4大小的文档，然后使用"多边形工具" 在页面中绘制一个顶角向下的等腰三角形，并为其填充颜色为（C: 9，M: 15，Y: 23，K: 0），接着设置其轮廓线的颜色为（C: 0，M: 40，Y: 20，K: 0），如图2-10所示。

02 选中绘制的三角形，然后执行"对象>变换>旋转"菜单命令，打开"变换"泊坞窗，接着在其中设置"旋转角度"为12度、"中心"为中下、"副本"为29，设置如图2-11所示，效果如图2-12所示，最后框选图形按Ctrl+G组合键进行组合。

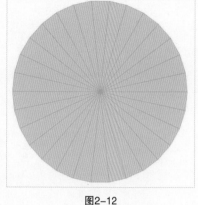

图2-10　　图2-11　　　　　　　图2-12

03 导入"素材文件>CH02>素材01.cdr"文件，如图2-13所示，然后执行"对象>变换>旋转"菜单命令，打开"变换"泊坞窗，接着在其中设置"旋转角度"为12度、"中心"为左中、"副本"为30，设置如图2-14所示，效果如图2-15所示，最后框选图形按Ctrl+G组合键进行组合。

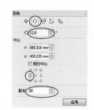

图2-13　　　　　　　　　　图2-14　　　　　　　　图2-15

04 将组合好的两个图形进行拖曳排列，效果如图2-16所示，然后使用"椭圆形工具" 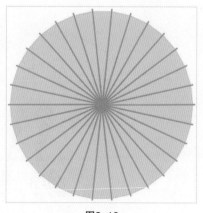 在页面中合适位置处绘制一个圆，并为其填充颜色为（C: 15，M: 47，Y: 30，K: 0），效果如图2-17所示。

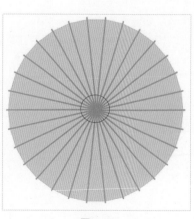

图2-16　　　　　　　　　　图2-17

05 框选绘制完成的雨伞，然后按Ctrl+G组合键将其组合，接着使用"透明度工具"  单击雨伞，最后在雨伞下方出现的透明度条中设置"透明度"为20，如图2-18所示。

06 导入"素材文件>CH02>素材02.jpg、03.png、04.png"文件，然后将其放置在页面合适位置，最终效果如图2-19所示。

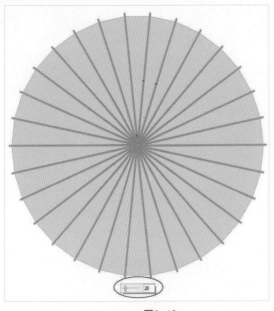

图2-18

图2-19

2.2.2 缩放和镜像对象

缩放和镜像对象可以直接在页面对象上进行操作，也可以通过执行菜单命令来达到效果。

1.缩放对象

缩放的方法有2种。

第1种，选中对象后，将光标移动到锚点上按住鼠标左拖动缩放，蓝色线框为缩放大小的预览效果，如图2-20所示。从顶点开始进行缩放为等比例缩放；在水平或垂直锚点开始进行缩放会改变对象形状。

第2种，选中对象后，执行"对象>变换>缩放和镜像"菜单命令打开"变换"泊坞窗，在x轴和y轴后面的文本框中设置缩放比例，接着选择相对缩放中心，最后单击"应用"按钮 [应用] 完成，如图2-21所示。

图2-20

图2-21

2.镜像对象

镜像的方法有2种。

第1种，选中对象，在属性面板上单击"水平镜像"按钮⇄或"垂直镜像"按钮⇅进行操作。

第2种，选中对象，然后执行"对象>变换>缩放和镜像"菜单命令打开"变换"泊坞窗，再选择相对中心，接着单击"水平镜像"按钮⇄或"垂直镜像"按钮⇅进行操作，如图2-22所示。

图2-22

即学即用

（扫码观看视频）

● 制作花纹

实例位置

实例文件 >CH02> 制作花纹 .cdr

素材位置

素材文件 >CH02> 素材 05.cdr~07.cdr

视频名称

制作花纹 .mp4

实用指数

★ ★ ★ ★ ☆

技术掌握

镜像的用法

最终效果图

---

01 打开"素材文件>CH02>素材05. cdr"文件，如图2-23所示，然后选中页面中的图像，并执行"对象>变换>缩放和镜像"菜单命令，接着在打开"变换"泊坞窗中单击"垂直镜像"按钮⇅和"中下"的相对中心，再设置"副本"为1，设置如图2-24所示，效果如图2-25所示。

图2-23

图2-24

图2-25

02 导入 "素材文件>CH02>素材06.cdr" 文件，将其拖曳到页面合适位置，如图2-26所示，然后选中页面中所有的图像，并执行 "对象>变换>缩放和镜像" 菜单命令，接着在打开的 "变换" 泊坞窗中单击 "水平镜像" 按钮 和 "右中" 的相对中心，再设置 "副本" 为1，设置如图2-27所示，效果如图2-28所示。

图2-26 图2-27 图2-28

03 复制素材06.cdr文件中的图像，然后旋转不同的角度，将其拖曳到页面合适位置，效果如图2-29所示。

04 导入 "素材文件>CH02>素材07.cdr" 文件，将其拖曳到页面合适位置，最终效果如图2-30所示。

图2-29 图2-30

2.2.3 设置对象的大小

设置对象大小的方法有2种。

第1种，选中对象，在属性面板的 "对象大小" 里输入数值进行设置，如图2-31所示。

图2-31

第2种，选中对象，执行"对象>变换>大小"菜单命令打开"变换"泊坞窗，接着在x轴和y轴后面的文本框中输入大小，再选择相对缩放中心，最后单击"应用"按钮 应用 完成，如图2-32所示。

图2-32

2.2.4　倾斜处理

倾斜的方法有2种。

第1种，双击需要倾斜的对象，当对象周围出现"旋转/倾斜"箭头后，将光标移动到水平或直线上的倾斜锚点上，按住鼠标左键拖曳倾斜程度，如图2-33所示。

第2种，选中对象，然后执行"对象>变换>倾斜"菜单命令打开"变换"泊坞窗，接着设置x轴和y轴的数值，再选择"使用锚点"位置，最后单击"应用"按钮 应用 完成，如图2-34所示。

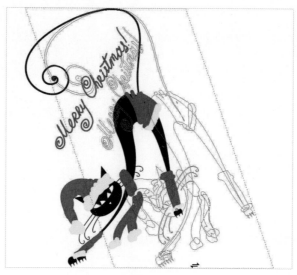

图2-33

图2-34

2.3　复制对象

在编辑图形的过程中有时会需要两个或多个相同的对象来组成画面，这时就需要用到复制编辑对象，CorelDRAW X7为用户提供了两种复制的方式，将在下面进行详细讲解。

2.3.1　对象基础复制

对象基础复制的方法有以下6种。

第1种，选中对象，执行"编辑>复制"菜单命令，接着执行"编辑>粘贴"菜单命令，在原始对象上进行覆盖复制。

第2种，选中对象，然后单击鼠标右键，在下拉菜单中执行"复制"命令，接着将光标移动到需要粘贴的位置，再单击鼠标右键，在下拉菜单中选择"粘贴"命令完成。

第3种，选中对象，然后按Ctrl+C组合键将对象复制在剪切板上，再按Ctrl+V组合键进行原位置粘贴。

第4种，选中对象，按键盘上的"+"键，在原位置上进行复制。

第5种，选中对象，然后在"常用工具栏"上单击"复制"按钮，接着单击"粘贴"按钮进行原位置复制。

第6种，选中对象，然后按住左键拖动到空白处，出现蓝色线框进行预览，接着在释放鼠标左键之前单击鼠标右键，完成复制。

2.3.2 对象的再制

在制图过程中，会利用再制进行花边、底纹的制作，对象再制可以将对象按一定规律复制为多个对象，再制的方法有2种。

第1种，选中对象，然后按住鼠标左键将对象拖曳一定距离，接着在释放鼠标左键之前单击鼠标右键，完成第一次复制，再执行"编辑>重复再制"菜单命令即可按前面移动的规律进行相同的再制。

第2种，在默认页面属性栏里，调整位移的"单位"类型（默认为毫米），然后调整"微调距离"的偏离数值，接着在"再制距离"上输入准确的数值，如图2-35所示，最后选中需再制的对象，按Ctrl+D组合键进行再制。

图2-35

2.3.3 对象属性的复制

单击"选择工具"，选中要复制属性的对象，然后执行"编辑>复制属性自"菜单命令，打开"复制属性"对话框，勾选要复制的属性类型，接着单击"确定"按钮，如图2-36所示。

复制属性对话框选项介绍

轮廓笔：复制轮廓线的宽度和样式。

轮廓色：复制轮廓线使用的颜色属性。

填充：复制对象的填充颜色和样式。

文本属性：复制文本对象的字符属性。

当光标变为➡时，移动到源文件位置单击左键完成属性的复制，如图2-37所示，复制后的效果如图2-38所示。

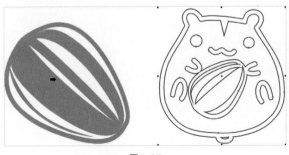

图2-37

图2-38

2.4 控制对象

在编辑对象的过程中，为了方便操作，用户可以使用多种方法控制和运用对象，如锁定与解锁、组合与取消组合、合并与拆分、排列顺序，掌握这些控制对象的方法，可以更好地帮助用户完成工作。

2.4.1 锁定和解锁

在绘制图形时，为了避免已经完成的对象或不再需要编辑的对象受到操作的影响，可以在编辑时将这些对象进行锁定。如果需要再次编辑，解锁即可。

1.锁定对象

锁定对象的方法有2种。

第1种，选中需要锁定的对象，然后单击鼠标右键，在弹出的下拉菜单中执行"锁定对象"命令完成锁定，如图2-39所示，锁定后的对象锚点变为小锁，如图2-40所示。

第2种，选中需要锁定的对象，然后执行"对象>锁定对象"菜单命令进行锁定。选择多个对象进行同样操作可以同时进行锁定。

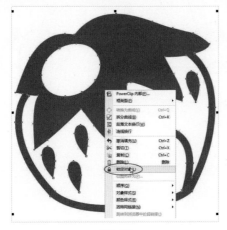

图2-39

图2-40

2.解锁对象

解锁对象的方法有2种。

第1种，选中需要解锁的对象，然后单击鼠标右键，在弹出的下拉菜单中执行"解锁对象"命令完成解锁，如图2-41所示。

第2种，选中需要解锁的对象，然后执行"对象>解锁对象"菜单命令进行解锁。

 Tips

当无法全选锁定对象时，执行"对象>解除锁定全部对象"菜单命令可以同时解锁所有锁定对象。

图2-41

2.4.2 组合与取消组合

在编辑复杂图形时，图像通常由很多独立对象组成，为了方便操作，可以将一些对象进行组合，组合后的对象就成为了一个整体，在编辑时将同时被编辑。当然，也可以解开组合对象进行单个操作。

1.组合对象

组合对象的方法有以下3种。

第1种，选中需要组合的所有对象，然后单击鼠标右键，在弹出的下拉菜单中选择"组合对象"命令，如图2-42所示，或者按Ctrl+G组合键进行快速组合。

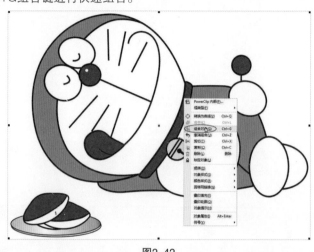

图2-42

第2种，选中需要组合的所有对象，然后执行"对象>组合对象"菜单命令进行组合。

第3种，选中需要组合的所有对象，在属性栏上单击"组合对象"图标 进行快速组合。

2.取消组合对象

取消组合对象的方法有以下3种。

第1种，选中组合对象，然后单击鼠标右键，在弹出的下拉菜单中执行"取消组合对象"命令，如图2-43所示，或者按住Ctrl+U组合键进行快速取消组合。

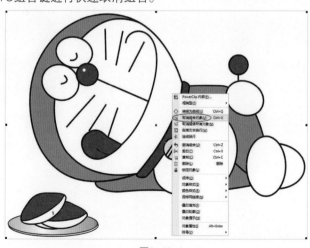

图2-43

第2种，选中组合对象，然后执行"对象>取消组合对象" 菜单命令进行取消组合。

第3种，选中组合对象，然后在属性栏上单击"取消组合对象"图标进行快速取消组合。

3.取消组合所有对象

使用"取消组合所有对象"命令，可以将组合对象进行彻底解组，变为最基本的独立对象。取消全部组合对象的方法有以下3种。

第1种，选中组合对象，然后单击鼠标右键在下拉菜单中执行"取消组合所有对象"命令，解开所有的组合对象，如图2-44所示。

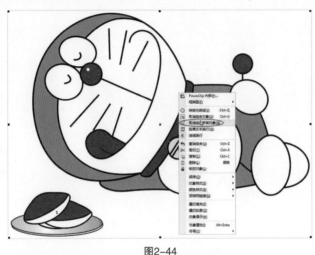

图2-44

第2种，选中组合对象，然后执行"对象>取消组合所有对象" 菜单命令进行取消组合。

第3种，选中组合对象，然后在属性栏上单击"取消组合所有对象"图标进行快速取消组合。

2.4.3 对象的排列

在编辑图形时，为了组成图案或达到某种效果通常会使用到图层的排序，通过合理的顺序排列来展现出需要的层次关系，下面将讲解两种常用的排序方法。

第1种，选中相应的图层单击鼠标右键，然后在弹出的下拉菜单上单击"顺序"命令，在子菜单中选择相应的命令进行操作，如图2-45所示。

图2-45

顺序命令选项介绍

到页面前面/后面： 将所选对象调整到当前页面的最前面或最后面。

到图层前面/后面： 将所选对象调整到当前页所有对象的最前面或最后面。

向前/后一层： 将所选对象调整到当前所在图层的上面或下面 。

置于此对象前/后： 单击该命令后，当光标变为➡形状时单击目标对象，如图2-46所示，可以将所选对象置于该对象的前面或后面；如图2-47所示其他的位置。

逆序： 选中需要颠倒顺序的对象，单击该按钮后对象按相反的顺序进行排列。如图2-48所示，叮当猫转身了。

  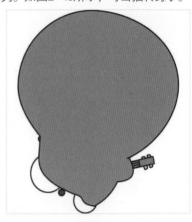

图2-46　　　　　　　　　　　　　图2-47　　　　　　　　　　　　　图2-48

第2种，选中相应的图层后，执行"对象>顺序"菜单命令，在子菜单中选择操作。

2.4.4　合并与拆分

合并与组合对象不同，组合对象是将两个或多个对象编成一个组，内部还是独立的对象，对象属性不变。合并是将两个或多个对象合并为一个全新的对象，其对象的属性也会随之改变。

合并与拆分的方法有以下3种。

第1种，选中要合并的对象，如图2-49所示，然后在属性栏上单击"合并"按钮 🔲 合并为一个对象（属性改变），如图2-50所示。单击"拆分"按钮 🔲 可以将合并对象拆分为单个对象（属性维持改变后的）排放顺序为由大到小排放。

第2种，选中要合并的对象，然后单击鼠标右键在弹出的下拉菜单中执行"合并"或"拆分"命令进行操作。

第3种，选中要合并的对象，然后执行"对象>合并"或"对象>拆分"菜单命令进行操作。

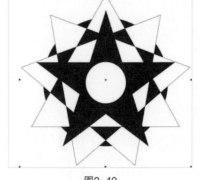

图2-49　　　　　　　　　　　　　图2-50

📢 **Tips**

合并后对象的属性会和合并前最底层对象的属性保持一致，拆分后属性无法恢复。

即学即用

（扫码观看视频）

● 制作仿古印章

实例位置

实例文件 >CH02> 制作仿古印 .cdr

素材位置

素材文件 >CH02> 素材 08.cdr、09.cdr、10.png

视频名称

制作仿古印 .mp4

实用指数

★ ★ ★ ☆ ☆

技术掌握

合并的用法

最终效果图

01 打开 "素材文件>CH02>素材08. cdr" 文件，如图2-51 所示，然后在图像上输入文字，并适当地调整文字大小和字间 距，效果如图2-52所示。

图2-51

图2-52

02 选中图像和文字，然后在属性栏上单击 "合并" 按钮 ，将其合并为一个对象，如图2-53所示。

图2-53

03 导入 "素材文件>CH02>素材09. cdr" 文件，然后将其拖 曳到页面中，并放置在最底层，接着导入 "素材文件>CH02>素 材10.png" 文件，将其放置在第二层，最后将制作完成的印章 拖曳到页面中，最终效果如图2-54所示。

图2-54

2.5　对齐与分布

在编辑过程中可以对对象进行很准确的对齐或分布操作。

首先选中对象，然后执行"对象>对齐与分布"菜单命令，在子菜单中选择相应的命令进行操作，如图2-55所示。

图2-55

2.5.1　对齐对象

在"对齐与分布"泊坞窗可以对对象进行对齐的相关操作，如图2-56所示。

图2-56

对齐选项介绍

左对齐 ▤：将所有对象向最左边进行对齐，如图2-57所示。

水平居中对齐 ▥：将所有对象向水平方向的中心点进行对齐，如图2-58所示。

右对齐 ▦：将所有对象向最右边进行对齐，如图2-59所示。

图2-57　　　　　　　　　　　图2-58　　　　　　　　　　　图2-59

上对齐⊞：将所有对象向最上边进行对齐，如图2-60所示。

垂直居中对齐⊞：将所有对象向垂直方向的中心点进行对齐，如图2-61所示。

下对齐⊞：将所有对象向最下边进行对齐，如图2-62所示。

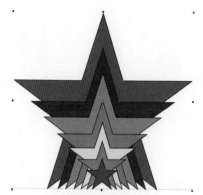

图2-60　　　　　　　　　图2-61　　　　　　　　　图2-62

活动对象▢：将对象对齐到选中的活动对象。

页面边缘▣：将对象对齐到页面的边缘。

页面中心▣：将对象对齐到页面中心。

网格▦：将对象对齐到网格。

指定点▣：在横纵坐标上进行数值输入，或者单击"指定点"按钮◉，在页面定点，将对象对齐到设定点上。

2.5.2 分布对象

在"对齐与分布"泊坞窗可以对对象进行分布的相关操作，如图2-63所示。

图2-63

分布选项介绍

左分散排列⊞：平均设置对象左边缘的间距，如图2-64所示。

水平分散排列中心⊞：平均设置对象水平中心的间距，如图2-65所示。

右分散排列⊞：平均设置对象右边缘的间距，如图2-66所示。

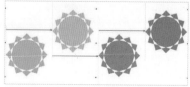
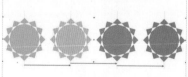
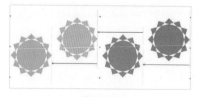

图2-64　　　　　　　　　图2-65　　　　　　　　　图2-66

水平分散排列间距 ⬛️：平均设置对象水平的间距，如图2-67所示。

顶部分散排列 ⬛️：平均设置对象上边缘的间距，如图2-68所示。

垂直分散排列中心 ⬛️：平均设置对象垂直中心的间距，如图2-69所示。

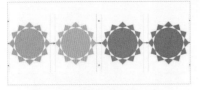

图2-67

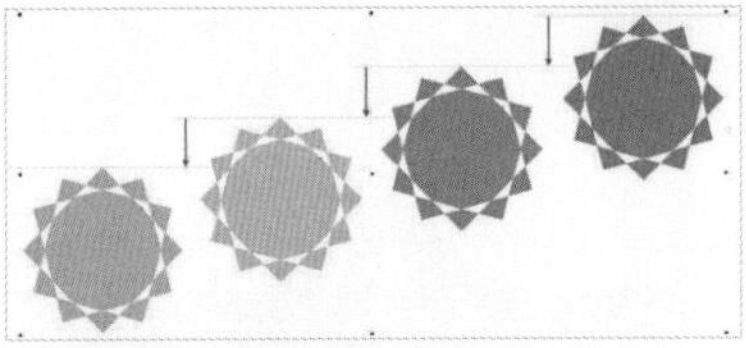

图2-68

图2-69

底部分散排列 ⬛️：平均设置对象左边缘的间距，如图2-70所示。

垂直分散排列间距 ⬛️：平均设置对象垂直的间距，如图2-71所示。

选定的范围 ⬛️：在选定的对象范围内进行分布，如图2-72所示。

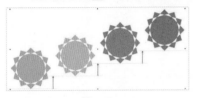

图2-70

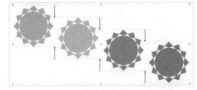

图2-71

图2-72

页面范围 ⬛️：将对象以页边距为定点平均分布在页面范围内，如图2-73所示。

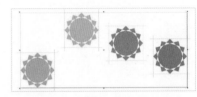

图2-73

2.6 步长和重复

在编辑图形的过程中可以利用"步长和重复"命令进行水平、垂直和角度再制，执行"编辑>步长和重复"菜单命令，打开"步长和重复"泊坞窗，如图2-74所示。

图2-74

步长和重复对话框选项介绍

水平设置：水平方向进行再制，可以设置"类型""距离"和"方向"，如图2-75所示，在类型里可以选择"无偏移""偏移"和"对象之间的间距"。

图2-75

无偏移：是指不进行任何偏移。选择"无偏移"后，下面的"距离"和"方向"无法进行设置，在份数输入数值后单击"应用"按钮 [应用   ]，则是在原位置进行再制。

偏移：是指以对象为准进行水平偏移。选择"偏移"后，下面的距离"和"方向"被激活，在"距离"输入数值，可以在水平位置进行重复再制。当"距离"数值为0时，为原位置重复再制。

对象之间的间距：是指以对象之间的间距进行再制。单击该选项可以激活"方向"选项，选择相应的方向，然后在份数输入数值进行再制。当"距离"数值为0时，为水平边缘重合的再制效果。

距离：在后方的文本框里输入数值进行精确偏移。

方向：可以在下拉选项中选择方向"左"或"右"。

垂直设置：垂直方向进行重复再制，可以设置"类型""距离"和"方向"。

无偏移：是指不进行任何偏移，在原位置进行重复再制。

偏移：是指以对象为准进行垂直偏移。当"距离"数值为0时，为原位置重复再制。

对象之间的间距：是指以对象之间的间距为准进行垂直偏移。当"距离"数值为0时，重复效果为垂直边缘重合复制。

份数：设置再制的份数，单击右方按钮可以调整份数，如图2-76所示。

图2-76

● 制作精美信纸

实例位置
实例文件 >CH02> 制作精美信纸 .cdr
素材位置
素材文件 >CH02> 素材 11.cdr、12.cdr
视频名称
制作精美信纸 .mp4
实用指数
★★★ ☆ ☆
技术掌握
步长和重复的用法

即学即用

（扫码观看视频）

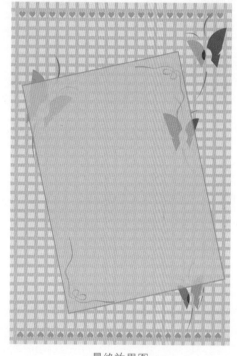

最终效果图

01 打开"素材文件>CH02>素材11.cdr"文件，如图2-77所示，然后选中横条纹执行"编辑>步长和重复"菜单命令打开"步长和重复"泊坞窗，接着在"水平设置"选项下选择"无偏移"选项，在"垂直设置"选项下选择"对象之间的间距"选项，设置"距离"为5mm、"方向"为"往下"、"份数"为36，设置如图2-78所示，效果如图2-79所示。

图2-77

图2-78

图2-79

02 选中竖条纹，然后在"步长和重复"泊坞窗中的"垂直设置"选项下选择"无偏移"选项，在"水平设置"选项下选择"对象之间的间距"选项，接着设置"距离"为6mm、"方向"为"右"、"份数"为21，设置如图2-80所示，效果如图2-81所示。

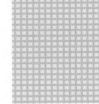

图2-80　　　　　　　　　　图2-81

03 在页面中绘制一个桃心，然后填充填充颜色为（C：0，M：40，Y：20，K：0），并去掉轮廓线，如图2-82所示，接着在"步长和重复"泊坞窗中的"水平设置"选项下选择"对象之间的间距"选项，再设置"距离"为3.5mm、"方向"为向右、"份数"为20，设置如图2-83所示，效果如图2-84所示。

图2-82　　　　　　　图2-83　　　　　　　图2-84

04 选中所有桃心，然后将其复制一份放置在页面底部，并将其"垂直镜像"，如图2-85所示，接着在页面中绘制一个矩形，填充颜色为（C：12，M：7，Y：25，K：0），最后设置其轮廓线颜色为（C：0，M：40，Y：60，K：0），效果如图2-86所示。

05 将绘制好的矩形旋转一定角度，然后设置其"透明度"为20，如图2-87所示。

06 导入"素材文件>CH02>素材12.cdr"文件，然后将里面的图像拖曳到页面合适位置，并调整其叠加顺序，最终效果如图2-88所示。

图2-85　　　　　　　图2-86　　　　　　　图2-87　　　　　　　图2-88

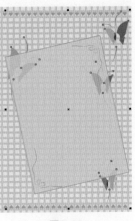

2.7 课后习题

通过本章的学习，读者对于对象的操作应该有了大概的了解。为了巩固所学知识，在这里安排两个课后习题供读者练习。

2.7.1

课后习题

（扫码观看视频）

● 制作脚印卡片

实例位置

实例文件 >CH02> 制作脚印卡片 .cdr

素材位置

素材文件 >CH02> 素材 13.cdr、14.cdr

视频名称

制作脚印卡片 .mp4

实用指数

★★★★☆

技术掌握

对象的复制用法

最终效果图

制作思路如图2-89所示。

第1步，打开素材，将圆形复制多份，然后排放成脚印的形状，接着选中所有对象并按Ctrl+G组合键进行组合。

第2步，打开素材，将绘制好的脚印拖曳到打开的文档中，然后复制多份并调整好大小，接着拖曳到图片中合适位置，最后将一些脚印的颜色改变为白色。

 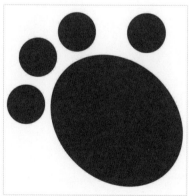 

图2-89

2.7.2

课后习题

（扫码观看视频）

● 制作花朵边框

实例位置

实例文件 >CH02> 制作花朵边框 .cdr

素材位置

素材文件 >CH02> 素材 15.cdr

视频名称

制作花朵边框 .mp4

实用指数

★★★★☆

技术掌握

合并、再制、步长和重复的用法

最终效果图

制作思路如图2-90所示。

第1步，新建一个空白文档，然后使用"多边形工具" ◎绘制一个正七边形，使用"椭圆形工具" ◎绘制一个圆，接着将圆移动到六边形上面，使六边形的角与圆的圆心重叠。

第2步，复制多个圆，分别将其拖曳到六边形的边角上，然后选中所有对象单击属性栏中的"合并按钮" ⬛，为合并后的对象填充颜色，接着在对象中绘制一个圆，最后为圆填充颜色。

第3步，导入素材并拖曳到页面合适位置，然后将绘制好的花朵拖曳到素材的合适位置，接着使用"步长和重复"命令制作花朵边框。

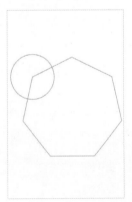
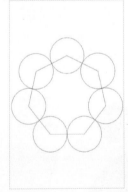

图2-90

CHAPTER

03

线型工具的使用

本章讲解了线型工具的使用和设置方法，包括2点线工具、贝塞尔工具、艺术笔工具和钢笔工具等几大类线性工具。通过详细的学习，用户可以自由地绘制想要的形状，并进行调整和效果添加。

* 2点线工具
* 钢笔工具

* 贝塞尔工具
* 艺术笔工具

3.1 2点线工具

"2点线工具"是专门用于绘制直线线段的工具，使用该工具还可直接创建与对象垂直或相切的直线。

3.1.1 线条工具介绍

线条是两个点之间的路径，线条由多条曲线或直线线段组成，线段间通过节点连接，以小方块节点表示，可以用线条进行各种形状的绘制和修饰。CorelDRAW X7为我们提供了各种线条工具，通过这些工具可以绘制曲线和直线，以及同时包含曲线段和直线段的线条。

3.1.2 基本绘制方法

下面将进行"2点线工具"的基本绘制学习。

1.绘制一条线段

单击工具箱中的"2点线工具"，将光标移动到页面内空白处，然后按住鼠标左键拖动一段距离，完成绘制后松开鼠标，如图3-1所示。

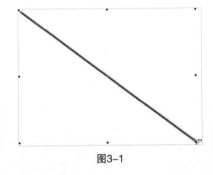

2.绘制连续线段

选择工具箱中的"2点线工具"，在绘制一条直线后不移开光标，光标会变为，如图3-2所示，然后再按住鼠标左键拖动绘制，如图3-3所示。

连续绘制到首尾节点合并，可以形成面，如图3-4所示。

图3-1

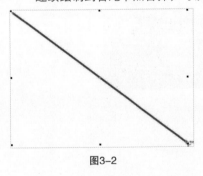

图3-2

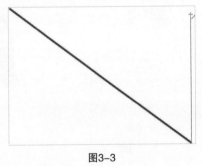

图3-3

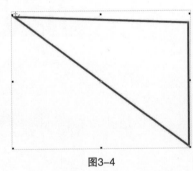

图3-4

3.1.3 设置绘制类型

在"2点线工具"的属性栏中可以切换2点线的绘制类型，如图3-5所示。

图3-5

2点线工具属性栏选项介绍

2点线工具 ✎：连接起点和终点绘制一条直线。

垂直2点线 ◌：绘制一条与现有对象或线段垂直的2点线，如图3-6所示。

相切2点线 ◌：绘制一条与现有对象或线段相切的2点线，如图3-7所示。

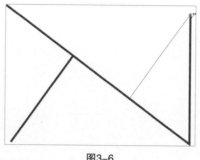

图3-6

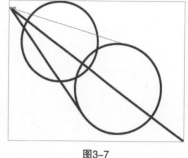

图3-7

3.2 贝塞尔工具

"贝塞尔工具"是所有绘图类工具中最为重要的工具之一，它不仅可以创建更为精确的直线和平滑流畅的曲线，而且可以通过改变节点和控制点的位置来变化曲线的弯度。绘制完成后，还可以通过节点修改曲线和直线。

3.2.1 直线的绘制方法

选择"工具箱"中的"贝塞尔工具" ✎，将光标移动到页面空白处，然后单击鼠标左键确定起始节点，接着移动光标到目标位置，再单击鼠标左键确定下一个点，此时两点间将出现一条直线，如图3-8所示，按住Shift键可以创建水平线与垂直线。

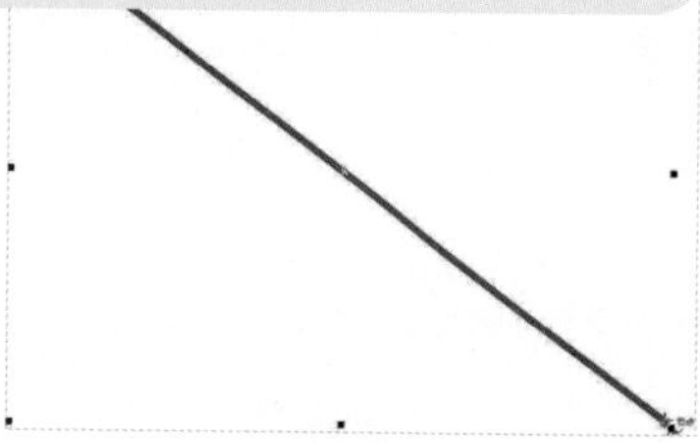

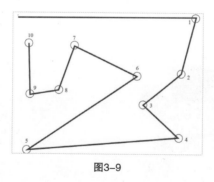

图3-8

与手绘工具的绘制方法不同的是，使用"贝塞尔工具" ✎只需要不断移动光标，单击左键添加节点就可以进行连续绘制，如图3-9所示，停止绘制可以按"空格"键或者单击"选择工具" ✎完成编辑。首尾两个节点相接可以形成一个面，并可以进行编辑与填充，如图3-10所示。

图3-9

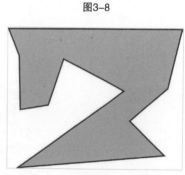

图3-10

3.2.2 曲线的绘制方法

在绘制贝塞尔曲线之前，需要先对贝塞尔曲线的类型进行了解。

1.认识贝塞尔曲线

"贝塞尔曲线"是由可编辑节点连接而成的直线或曲线，每个节点都有两个控制点，允许修改线条的形状。

在曲线段上每选中一个节点都会显示其相邻节点一条或两条方向线，如图3-11所示，方向线以方向点结束，方向线与方向点的长短和位置决定曲线线段的大小和弧度形状，移动方向线则改变曲线的形状，如图3-12所示。方向线也可以叫"控制线"，方向点叫"控制点"。

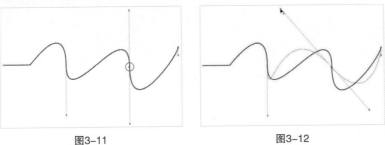

图3-11   图3-12

贝塞尔曲线分为"对称曲线"和"尖突曲线"两种。

对称曲线：在使用对称时，调节"控制线"可以使当前节点两端的曲线端等比例进行调整，如图3-13所示。

尖突曲线：在使用尖突时，调节"控制线"只会调节节点一端的曲线，如图3-14所示。

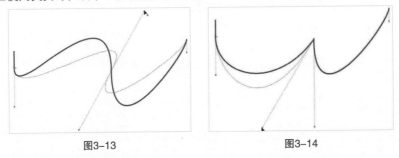

图3-13   图3-14

贝塞尔曲线可以是没有闭合的线段，也可以是闭合的图形。可以利用贝塞尔绘制矢量图案，单独绘制的线段和图案都以图层的形式存在，经过排放后可以组成各种简单或者复杂的图案，如图3-15所示，如果变为线稿可以看出曲线的痕迹，如图3-16所示。

图3-15   图3-16

2.绘制曲线

选择"工具箱"中的"贝塞尔工具" ，然后将光标移动到页面空白处，接着按住鼠标左键并拖曳，确定第一个起始节点，此时节点两端出现蓝色控制线，如图3-17所示，调节"控制线"控制曲线的弧度和大小，节点在选中时以实色方块显示，也可叫作"锚点"。

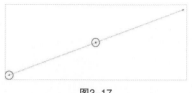

图3-17

Tips

在调整节点时，按住Ctrl键再拖动鼠标，可以设置增量为15°调整曲线弧度大小。

调整第一个节点后松开鼠标，然后移动光标到下一个位置上，按住鼠标左键拖曳控制线调整节点间曲线的形状，如图3-18所示。

在空白处继续拖曳控制线调整曲线可以进行连续绘制，绘制完成后按"空格"键或者单击"选择工具"完成编辑，如果绘制闭合路径，那么在起始节点和结束节点闭合时自动完成编辑，不需要按空格键，且在闭合路径中可以填充颜色，如图3-19和图3-20所示。

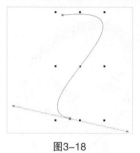

图3-18

图3-19

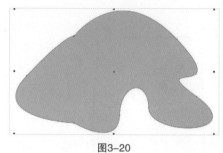

图3-20

疑难问答 ?

问：节点位置定错，但是已经拉动"控制线"了，怎么办？

答：这时候，按住Alt键不放，将节点移动到需要的位置即可。这个方法适用于编辑过程中的节点位移，也可以在编辑完成后按"空格"键结束，配合"形状工具"进行位移节点修正。

即学即用

● 绘制黑白猪

实例位置
实例文件 >CH03> 绘制黑白猪 .cdr
素材位置
素材文件 >CH03> 素材 01.jpg
视频名称
绘制黑白猪 .mp4
实用指数

★ ★ ★ ★ ☆

技术掌握
贝塞尔工具的用法

（扫码观看视频）

最终效果图

01 新建一个A4大小的文档，然后使用"贝塞尔工具" 在页面中绘制形状，如图3-21所示，然后使用"形状工具" 调整其形状，效果如图3-22所示。

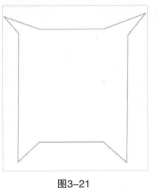
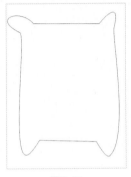

图3-21　　　　　　　　　图3-22

02 为调整好的形状填充白色，然后设置"轮廓线宽度"为2.5mM：如图3-23所示；接着使用"贝塞尔工具" 绘制小猪鼻子轮廓，设置其"轮廓线宽度"为2mm，效果如图3-24所示。

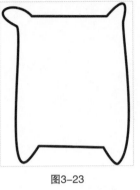

图3-23　　　　　　　　　图3-24

03 使用"椭圆形工具" 绘制小猪的眼睛和鼻孔，然后填充黑色，效果如图3-25所示，接着使用"贝塞尔工具" 绘制翅膀轮廓，如图3-26所示。

图3-25　　　　　　　　　图3-26

04 为翅膀填充白色，然后使用"贝塞尔工具" 绘制翅膀里面的曲线，如图3-27所示，接着设置翅膀的"轮廓线宽度"为2.5mm，效果如图3-28所示。

图3-27　　　　　　　　　图3-28

05 将翅膀复制一份，然后单击"属性栏"中的"水平镜像"按钮 将其水平镜像，并将其分别拖曳到小猪身体两旁，效果如图3-29所示。

图3-29

06 选中上一步绘制完成的小猪，然后执行"对象>变换>缩放和镜像"菜单命令，接着在打开的"变换"泊坞窗中单击"水平镜像"按钮 和"右中"的相对中心，再设置"副本"为1，设置如图3-30所示，最后更改小猪身体的颜色为黑色，眼睛的颜色为白色，效果如图3-31所示。

图3-30　　　　　　　　　图3-31

07 导入"素材文件>CH03>素材01.jpg"文件,然后将黑白猪拖曳到素材中,最终效果如图3-32所示。

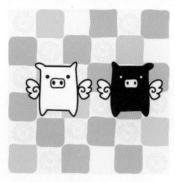

图3-32

3.2.3 贝塞尔的设置

双击"贝塞尔工具" 打开"选项"面板,在"手绘/贝塞尔工具"选项组进行设置,如图3-33所示。

图3-33

手绘/贝塞尔工具选项介绍

手绘平滑:设置自动平滑程度和范围。

边角阈值:设置边角平滑的范围。

直线阈值:设置在进行调节时线条平滑的范围。

自动连结:设置节点之间自动吸附连接的范围。

3.2.4 贝塞尔的修饰

在使用"贝塞尔工具" 进行绘制时,有时无法一次性得到目标图案,需要在绘制后进行线条修饰。配合"形状工具" 和属性栏,可以对绘制的贝塞尔线条进行修改,如图3-34所示。

图3-34

 知识链接

这里在进行贝塞尔曲线相关的修形处理时,会讲解到"形状工具" 的使用,可以参考本书第5章的内容。

1.曲线转直线

在"工具箱"中选择"形状工具" ,然后单击选中对象,在要变为直线的曲线上单击鼠标左键,出现黑色小点为选中,如图3-35所示。

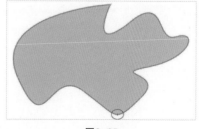

图3-35

在属性栏中单击"转换为线条"按钮 ，则该线条变为直线，如图3-36所示。在右键的下拉菜单中也可以进行操作，选中曲线单击鼠标右键，在弹出的下拉菜单中执行"到直线"命令，完成曲线变直线命令，如图3-37所示。

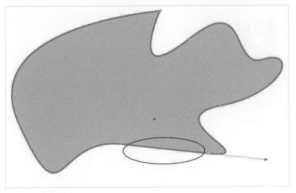

图3-36

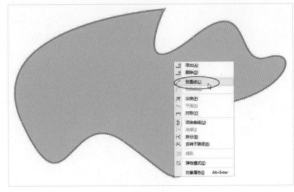

图3-37

2.直线转曲线

选中要变为曲线的直线，如图3-38所示，然后在属性栏中单击"转换为曲线"按钮 将其转换为曲线，如图3-39所示，接着将光标移动到转换后的曲线上，当光标变为 时，通过按住鼠标左键并拖动来调节曲线，最后双击增加节点，调节"控制点"使曲线变得更有节奏，如图3-40所示。

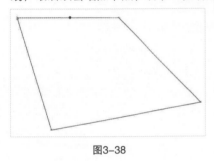

图3-38

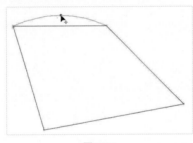

图3-39

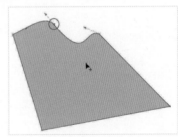

图3-40

3.对称节点转尖突节点

这项操作是针对节点的调节，它会影响节点与其两端曲线的变化。

选择"形状工具" ，然后在节点上单击左键将其选中，如图3-41所示，接着在属性栏中单击"尖突节点"按钮 将该节点转换为尖突节点，再拖动其中一个"控制点"，将同侧的曲线进行调节。此时，对应一侧的曲线和"控制线"并没有变化，如图3-42所示，最后调整另一边的"控制点"，可以得到一个月牙形状，如图3-43所示。

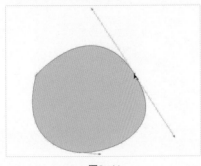

图3-41

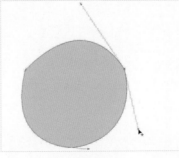

图3-42

图3-43

4.尖突节点转对称节点

选择"形状工具" ⬚，然后使用鼠标单击节点将其选中，如图3-44所示，接着在属性栏中单击"对称节点"按钮 ⌢ 将该节点转换为对称节点，再拖动"控制点"，同时调整两端的曲线，如图3-45所示。

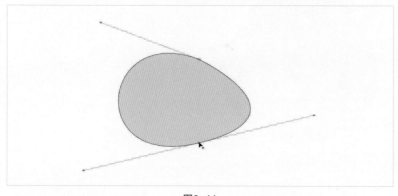 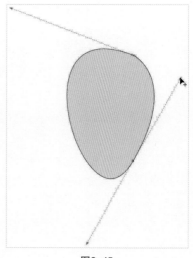

图3-44   图3-45

5.闭合曲线

在使用"贝塞尔工具" ⬚绘制曲线时，起点和终点没有闭合就不会形成封闭的路径，也就不能对其进行填充，闭合是针对节点进行操作的，有以下6种方法。

第1种，单击"形状工具" ⬚，然后选中结束节点，按住鼠标左键拖曳到起始节点，可以自动吸附闭合为封闭的路径，如图3-46所示。

第2种，使用"选择工具" ⬚选中未闭合线条，然后选择"贝塞尔工具" ⬚将光标移动到结束节点上，当光标出现 ↙时单击鼠标左键，接着将光标移动到开始节点，如图3-47所示，当光标出现 ↙时单击鼠标左键完成封闭路径，如图3-48所示。

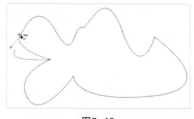  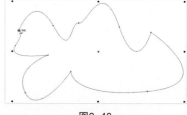

图3-46   图3-47   图3-48

第3种，使用"形状工具" ⬚选中未闭合线条，然后在属性栏中单击"闭合曲线"按钮 ⌐ 完成闭合。

第4种，使用"形状工具" ⬚选中未闭合线条，然后单击鼠标右键在下拉菜单中执行"闭合曲线"命令完成闭合曲线。

第5种，使用"形状工具" ⬚选中未闭合线条，然后在属性栏中单击"延长曲线使之闭合"按钮 ⬚，添加一条曲线完成闭合。

第6种，使用"形状工具" ⬚选中未闭合的起始和结束节点，然后在属性栏中单击"连接两个节点"按钮 ⬚，将两个节点连接重合完成闭合。

6.断开节点

在编辑好的闭合路径中可以进行断开操作，将路径分解为线段。和闭合一样，断开操作也是针对节点进行的，有2种方法。

第1种，使用"形状工具" ，选中要断开的节点，然后在属性栏中单击"断开曲线"按钮 ，断开当前节点的连接，如图3-49和图3-50所示，此时闭合路径中的填充将会消失。

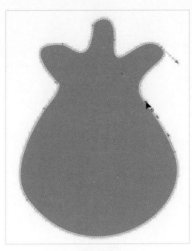
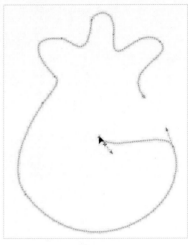

图3-49　　　　　　　　　　　　　　　　图3-50

Tips

当节点断开时，无法形成封闭路径，那么原图形的填充就无法显示了，将路径重新闭合后会重新显示填充。

第2种，使用"形状工具" 选中要断开的节点，然后单击鼠标右键在下拉菜单上执行"拆分"命令，进行断开节点。

闭合的路径可以进行断开，线段也可以进行分别断开，全选线段节点，然后在属性栏中单击"断开曲线"按钮 ，就可以分别移开节点，如图3-51所示。

图3-51

7.选取节点

路径与路径之间的节点可以和对象一样被选取，选择"形状工具" 进行多选、单选、节选等操作。

选取节点操作介绍

选择单独节点：逐个单击进行选择编辑。

选择全部节点：按住鼠标左键在空白处拖动范围进行全选；按Ctrl+A组合键全选节点；在属性栏中单击"选择所有节点"按钮 进行全选。

选择相连的多个节点：在空白处拖动范围进行选择。

选择不相连的多个节点：按住Shift键进行单击选择。

8.添加和删除节点

在使用"贝塞尔工具" 进行编辑时，为了让编辑更加精确细致，会在调整路径时适当地添加和删除节点，添加和删除节点有以下4种方法。

第1种，在路径上单击选择需要添加节点的位置，如图3-52所示，然后在属性栏中单击"添加节点"按钮 进行添加，如图3-53所示；单击"删除节点"按钮 进行删除，如图3-54所示。

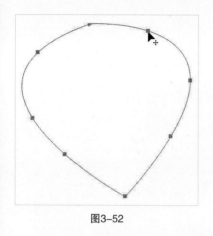

图3-52   图3-53   图3-54

第2种，在路径上单击选择需要添加节点的位置，然后单击鼠标右键，在下拉菜单中执行"添加"命令进行添加节点，执行"删除"命令进行删除节点。

第3种，在路径上需要添加节点的地方，双击鼠标左键添加节点，双击已有节点进行删除。

第4种，在路径上单击选择需要添加节点的位置，按"+"键可以添加节点；按"–"键可以删除节点。

9.翻转曲线方向

曲线的起始节点到结束节点中所有的节点，由开始到结束都有一个顺序，即便首尾相接，也存在方向，如图3-55所示，起始到结束的节点上都有箭头表示方向。

选中线条，然后在属性栏中单击"反转方向"按钮 ，可以调换起始和结束节点的位置，使其翻转方向，如图3-56所示。

图3-55   图3-56

10.反射节点

反射节点用于镜像作用下选中双方同一位置的节点，按相反方向进行相同的编辑。选中两个镜像的对象，然后使用"形状工具" 选中对应的两个节点，如图3-57所示，接着在属性栏中单击"水平反射节点"按钮 或"垂直反射节点"按钮 ，最后将光标移动到其中一个选中的节点上进行拖动"控制线"，相对的另一边的节点也会进行相同且方向相反的操作，如图3-58所示。

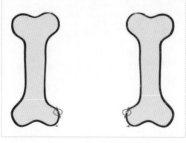

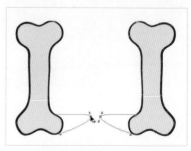

图3-57   图3-58

11.节点的对齐

使用"对齐节点"按钮 可以将节点对齐在一条平行或垂直线上。使用"形状工具" 选中对象，然后单击属性栏中的"选择所有节点"按钮 选中所有节点，如图3-59所示；接着单击属性栏中"对齐节点"按钮 ；最后在打开的"节点对齐"对话框中选择相应的命令进行操作，如图3-60所示。

图3-59   图3-60

节点对齐对话框选项介绍

水平对齐：将两个或多个节点水平对齐，如图3-61所示，也可以全选节点进行对齐，如图3-62所示。

垂直对齐：将两个或多个节点垂直对齐，如图3-63所示，也可以全选节点进行对齐。

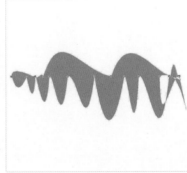

图3-61   图3-62   图3-63

同时勾选"水平对齐"和"垂直对齐"复选框，可以将两个或多个节点居中对齐，如图3-64所示，也可以全选节点进行对齐，如图3-65所示。

对齐控制点：将两个节点重合并将以控制点为基准进行对齐，如图3-66所示。

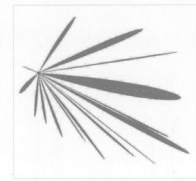

图3-64   图3-65   图3-66

● 绘制卡通山羊

实例位置

实例文件 >CH03> 绘制卡通山羊 .cdr

素材位置

无

视频名称

绘制卡通山羊 .mp4

实用指数

★★★★☆

技术掌握

贝塞尔工具的用法

最终效果图

01 新建一个大小为300mm×300mm的文档，然后使用"贝塞尔工具" 在页面中绘制山羊脑袋的大概轮廓，如图3-67所示，最后使用"形状工具" 调整其形状，效果如图3-68所示。

图3-67

图3-68

02 使用"贝塞尔工具" 绘制身体，如图3-69所示，然后为脑袋和身体填充颜色为（C：0，M：3，Y：5，K：0），并设置其轮廓线宽度为4mm，效果如图3-70所示。

图3-69

图3-70

03 使用"椭圆形工具" 绘制眼睛，然后填充黑色，如图3-71所示，接着使用"贝塞尔工具" 绘制左前肢，如图3-72所示。

图3-71

图3-72

04 设置左前肢的轮廓线宽度为3mm，如图3-73所示，然后将其复制一份，并单击"属性栏"中的"水平镜像"按钮 将其水平镜像，作为右前肢；接着使用"贝塞尔工具" 绘制左羊角，如图3-74所示。

图3-73

图3-74

05 将羊角填充颜色为（C: 17，M: 29，Y: 43，K: 0），然后设置其轮廓线宽度为1.5mm，效果如图3-75所示；接着将其复制一份，再单击"属性栏"中的"水平镜像"按钮┅将其水平镜像，作为右羊角。

06 将前肢拖曳到羊的身体前方，将羊角拖曳到羊头上，然后调整其位置，效果如图3-76所示。

07 双击"矩形工具"┇新建一个和页面大小相同的矩形，然后填充黄色（C: 0，M: 0，Y: 100，K: 0），并去掉轮廓线，最终效果如图3-77所示。

图3-77

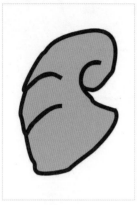

图3-75

图3-76

3.3 钢笔工具

"钢笔工具"和"贝塞尔工具"十分相似，也是通过节点的连接绘制直线和曲线，在绘制完成后可使用"形状工具"进行修饰。

3.3.1 属性栏设置

"钢笔工具" ☒ 的属性栏如图3-78所示。

```
X: -235.552 mm    ⯮ 189.111 mm    100.0 %   ⯠ ↺ ꜛ   ⯾ 2 mm ▾   ─ ── ─ ── ▾   ⬚ D ⯈ ⬚
Y: 474.545 mm    ⯅ 122.972 mm    100.0 %   ⯠
```

图3-78

钢笔工具属性栏选项介绍

预览模式⯬：单击激活该按钮后，会在确定下一节点前自动生成一条预览当前曲线形状的蓝线；关闭则不显示预览线。

自动添加或删除节点⯭：单击激活该按钮后，将光标移动到曲线上，光标变为⯊单击左键添加节点，光标变为⯋单击左键删除节点；关闭就无法单击左键进行快速添加或删除。

3.3.2 绘制方法

在属性栏中单击激活"预览模式"按钮⯬后，使用"钢笔工具"绘制的过程中，可以预览到路径的走向，方便进行移动修改。

1.绘制直线和折线

在"工具箱"中选择"钢笔工具" ，然后在页面内空白处单击鼠标左键定下起始节点，接着移动光标会出现路径走向的蓝色预览线条，如图3-79所示。

在目标位置单击鼠标左键定下结束节点，此时线条将变为实线，完成编辑双击鼠标左键即可，如图3-80所示。

图3-79　　　　　图3-80

绘制连续折线时，将光标移动在结束节点上，当光标变为 时单击鼠标左键，然后继续移动光标单击进行定节点，如图3-81所示，当起始节点和结束节点重合形成闭合路径后，可以进行填充操作，如图3-82所示。

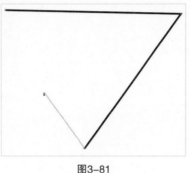
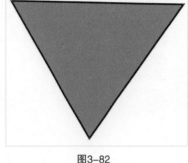

图3-81　　　　　图3-82

Tips

在绘制直线的时候按住Shift键可以绘制水平线段、垂直线段或15°递进的线段。

2.绘制曲线

选择"钢笔工具" ，然后在页面内空白处单击鼠标左键定下起始节点，接着将光标移动到下一位置，再按住鼠标左键不放进行拖动"控制线"，如图3-83所示，松开鼠标左键后移动光标会出现路径走向的蓝色预览弧线，如图3-84所示。

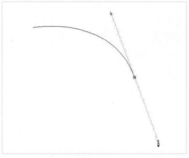

图3-83　　　　　图3-84

绘制连续的曲线要考虑到曲线的转折，"钢笔工具"可以生成预览线进行查看，所以在确定节点之前，可以进行修正，如果位置不合适，可以及时调整，如图3-85所示。起始节点和结束节点重合可以形成闭合路径，再进行填充操作，如图3-86所示。

图3-85　　　　　图3-86

即学即用

（扫码观看视频）

● 绘制风景插画卡片

实例位置

实例文件 >CH03> 绘制卡通风景卡 .cdr

素材位置

无

视频名称

绘制卡通风景卡片 .mp4

实用指数

★★★★☆

技术掌握

钢笔工具的用法

最终效果图

01 新建一个大小为300mm×300mm的文档，然后使用"多边形工具" ◎ 在页面中绘制一个三角形，接着填充颜色为（C：69，M：51，Y：13，K：0），最后去掉轮廓线，如图3-87所示。

02 使用"钢笔工具" ⒜ 绘制如图3-88所示的形状，然后填充颜色为（C：18，M：0，Y：1，K：0），并去掉廓线，接着调整其大小将其放置在三角形顶端，山峰就绘制完成了，效果如图3-89所示。

图3-87

图3-88

图3-89

03 将完成的山峰复制多份，然后进行排列，接着双击"矩形工具" ▢ 新建一个和页面大小相同的矩形，再填充（C：20，M：0，Y：20，K：0），最后去掉轮廓线，效果如图3-90所示。

04 使用"钢笔工具" ⒜ 绘制白云轮廓，然后填充白色，如图3-91所示，接着去掉其轮廓线，再复制多份调整其大小，最后拖曳到页面中进行排列，效果如图3-92所示。

图3-90

图3-91

图3-92

05 使用"椭圆形工具"○绘制一个圆，然后为其填充颜色为（C：0，M：60，Y：100，K：0），并去掉轮廓线，如图3-93所示；接着使用"钢笔工具"◎绘制飞雁，如图3-94所示；最后将太阳和飞雁拖曳到页面中，效果如图3-95所示。

图3-93

图3-94

图3-95

06 使用"钢笔工具"◎绘制如图3-96所示的轮廓，然后为其填充颜色为（C：52，M：9，Y：99，K：0），并去掉轮廓线，如图3-96所示；接着将其拖曳到页面中，效果如图3-97所示，最后按Ctrl+G组合键将所有对象进行组合。

图3-96

图3-97

07 使用"椭圆形工具"○在页面中绘制一个圆，如图3-98所示，然后选中风景画，执行"对象>图像精确裁剪>置于图文框内部"，效果如图3-99所示。

图3-98

图3-99

08 去掉图形的轮廓线，然后双击"矩形工具"□新建一个和页面大小相同的矩形，再填充（C：56，M：2，Y：27，K：0），最后去掉轮廓线，最终效果如图3-100所示。

图3-100

3.4 艺术笔工具

"艺术笔工具"是所有绘画工具中最灵活多变的，它可以绘制出系统提供的各种图形图案和笔触效果，并且绘制出的对象为封闭路径，可单击进行填充，也可通过笔触路径节点来调整形状。艺术笔类型分为"预设""笔刷""喷涂""书法""压力"五种，在其属性栏中可以单击切换使用。

3.4.1 预设

"预设"是指使用预设的矢量图形来绘制曲线。

在"艺术笔工具"◎属性栏中单击"预设"按钮◎，将属性栏变为预设属性，如图3-101所示。

图3-101

预设选项介绍

手绘平滑：在文本框内设置数值调整线条的平滑度，最高平滑度为100。

笔触宽度：设置数值可以调整绘制笔触的宽度，值越大笔触越宽，反之越小，如图3-102所示。

预设笔触：单击后面的按钮，打开下拉样式列表，如图3-103所示，可以选取相应的的笔触样式进行创建，如图3-104所示。

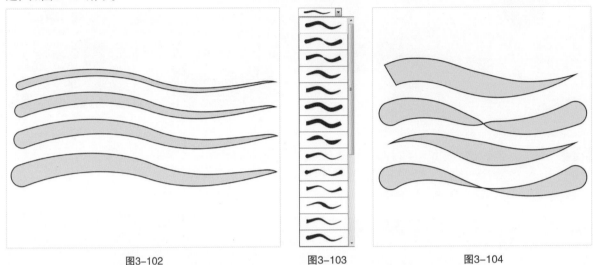

| 图3-102 | 图3-103 | 图3-104 |

随对象一起缩放笔触：单击该按钮，缩放笔触时，笔触线条的宽度会随着缩放改变。

边框：单击后会隐藏或显示边框。

3.4.2 笔刷

"笔刷"是指绘制与笔刷笔触相似的曲线，可以利用"笔刷"绘制出仿真效果的笔触。

在"艺术笔工具"，属性栏中单击"笔刷"按钮，将属性栏变为笔刷属性，如图3-105所示。

图3-105

笔刷选项介绍

类别：单击后面的按钮，在下拉列表中可以选择要使用的笔刷类型，如图3-106所示。

笔刷笔触：在其下拉列表中可以选择相应笔刷类型的笔刷样式。

浏览：可以浏览硬盘中的艺术笔刷文件夹，选取艺术笔刷可以进行导入使用，如图3-107所示。

| 图3-106 | 图3-107 |

保存艺术笔触 ■：确定好自定义的笔触后，使用该命令保存到笔触列表，如图3-108所示，文件格式为.cmx，位置在默认艺术笔刷文件夹。

删除：删除已有的笔触。

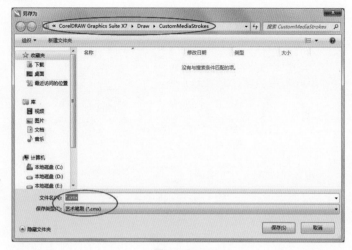

图3-108

3.4.3 喷涂

"喷涂"是指通过喷涂一组预设图案进行绘制。

在"艺术笔工具" 属性栏中单击"喷涂"按钮，将属性栏变为喷涂属性，如图3-109所示。

图3-109

喷涂选项介绍

喷涂对象大小：在上方的数值框中将喷射对象的大小统一调整为特定的百分比。

递增按比例放缩■：单击锁头激活下方的数值框，在下方的数值框输入百分比可以将每一个喷射对象大小调整为前一个对象大小的某一特定百分比，如图3-110所示。

图3-110

类别：在下拉列表中可以选择要使用的喷射的类别，如图3-111所示。

喷涂图样：在其下拉列表中可以选择相应喷涂类别的图案样式，可以是矢量的图案组。

喷涂顺序：在下拉列表中提供有"随机""顺序"和"按方向"3种，如图3-112所示，这3种顺序要参考播放列表的顺序，如图3-113所示。

 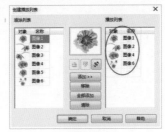

图3-111   图3-112   图3-113

随机：在创建喷涂时随机出现播放列表中的图案，如图3-114所示。

顺序：在创建喷涂时按顺序出现播放列表中的图案，如图3-115所示。

按方向：在创建喷涂时处在同一方向的图案在绘制时重复出现，如图3-116所示。

图3-114   图3-115   图3-116

添加到喷涂列表▣：添加一个或多个对象到喷涂列表。

喷涂列表选项▣：可以打开"创建播放列表"对话框，用来设置喷涂对象的顺序和设置对象数目。

每个色块中的图案像素和图像间距：在上方的文字框▣中输入数值，可以设置每个色块中的图像像素；在下方的文字框▣中输入数值，可以调整每个笔触长度中各色块之间的距离。

旋转▣：在下拉"旋转"选项面板中设置喷涂对象的旋转角度，如图3-117所示。

偏移▣：在下拉"偏移"选项面板中设置喷涂对象的偏移方向和距离，如图3-118所示。

图3-117   图3-118

3.4.4 书法

"书法"是指通过笔锋角度变化绘制与书法笔笔触相似的效果。

在"艺术笔工具"▣属性栏中单击"书法"按钮▣，将属性栏变为书法属性，如图3-119所示。

图3-119

书法选项介绍

书法角度 ✎：输入数值可以设置笔尖的倾斜角度，范围最小是0度，最大是360度。

3.4.5 压力

"压力"是指模拟使用压感画笔的效果进行绘制，可以配合数位板进行使用。

在"艺术笔工具" ✎ 属性栏中单击"压力"按钮 ✎，将属性栏变为压力基本属性，如图3-120所示。绘制压力线条和在Adobe Photoshop软件里用数位板进行绘画类似，模拟压感进行绘制，如图3-121所示，笔画流畅。

图3-120

图3-121

3.5 课后习题

本章安排了两个课后习题供大家练习，这两个课后习题都是针对本章所学知识，希望大家认真练习，总结经验。

3.5.1

课后习题

（扫码观看视频）

● 绘制城市地标剪影

实例位置

实例文件 >CH03> 绘制城市地标剪影 .cdr

素材位置

素材文件 >CH03> 素材 02.cdr

视频名称

绘制城市地标剪影 .mp4

实用指数

★★★★☆

技术掌握

贝塞尔工具的使用方法

最终效果图

制作思路如图3-122所示。

使用"钢笔工具" ▲ 绘制对象，然后为对象填充颜色，去掉轮廓线，接着将对象进行排列，再调整透明度，最后导入素材进行组合。

图3-122

<table>
<tr><td>

3.5.2

课后习题

（扫码观看视频）

</td><td>

● 绘制抽象树

实例位置

实例文件 >CH05> 绘制抽象树 .cdr

素材位置

素材文件 >CH05> 素材 03.jpg

视频名称

绘制抽象树 .mp4

实用指数

★★★★☆

技术掌握

艺术笔工具的用法

</td><td>

最终效果图

</td></tr>
</table>

制作思路如图3-123所示。

新建一个空白文档，然后使用"艺术笔工具" ☜ 绘制树的枝干和树叶，并填充颜色和轮廓颜色，接着将所有对象选中拆分后进行合并，最后导入素材。

图3-123

CHAPTER

04

几何图形工具的使用

本章主要讲解矢量绘图中几何图形的绘制工具，包括基础图形的绘制工具，也包括复杂图形的绘制工具。通过本章详细的学习，用户可以使用这些工具来绘制规则或不规则的形状。

* 矩形工具
* 椭圆形和3点椭圆形工具
* 多边形工具

* 星形工具
* 图纸工具
* 形状工具组

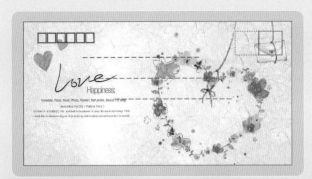
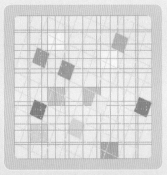

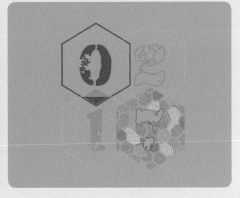

4.1 矩形工具

矩形是图形绘制常用的基本图形，"矩形工具"主要以斜角拖动来快速绘制矩形，并且利用属性栏进行基本的修改变化。

1.绘制方法

选择工具箱中的"矩形工具"，然后在页面空白处按住鼠标左键以对角的方向进行拉伸操作，如图4-1所示，形成实线方形可以预览大小，在确定大小后松开鼠标左键完成编辑，如图4-2所示。

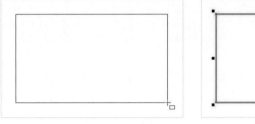

图4-1　　　　　　　　　　　　　　　图4-2

在绘制矩形时按住Ctrl键可以绘制一个正方形，如图4-3所示，也可以在"属性栏"中输入宽和高将原有的矩形变为正方形，如图4-4所示。

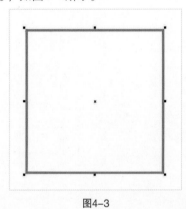

图4-3　　　　　　　　　　　　　　　图4-4

Tips

在绘制时按住Shift键可以以起始点为中心绘制一个矩形，同时按住Shift键和Ctrl键则是以起始点为中心绘制正方形。

2.参数设置

"矩形工具"的属性栏如图4-5所示。

图4-5

矩形工具属性栏选项介绍

圆角：单击该按钮可以将角变为弯曲的圆弧角，如图4-6所示，数值可以在后面输入。

扇形角 ：单击该按钮可以将角变为扇形相切的角，形成曲线角，如图4-7所示。

倒棱角 ：单击该按钮可以将角变为直棱角，如图4-8所示。

图4-6   图4-7   图4-8

圆角半径：在四个文本框中输入数值可以分别设置边角样式的平滑度大小，如图4-9所示。

图4-9

同时编辑所有角 ：单击激活该按钮后，在任意一个"圆角半径"文本框中输入数值，其他三个的数值将会统一进行变化；单击关闭后可以分别修改"圆角半径"的数值，如图4-10所示。

相对的角缩放 ：单击激活该按钮后，边角在缩放时"圆角半径"也会相对地进行缩放；单击熄灭时，缩放的同时"圆角半径"将不会缩放。

轮廓宽度 ：可以设置矩形边框的宽度。

转换为曲线 ：在没有转曲时只能进行角上的变化，如图4-11所示，单击转曲后可以进行自由变换和添加节点等操作，如图4-12所示。

图4-10   图4-11   图4-12

即学即用

● 绘制文艺信封

实例位置

实例文件 >CH04> 绘制文艺信封 .cdr

素材位置

素材文件 >CH04> 素材 01.jpg

视频名称

绘制文艺信封 .mp4

实用指数

★★★★☆

技术掌握

矩形工具的用法

（扫码观看视频）

最终效果图

01 新建一个大小为265mm×300mm的文档，然后使用"矩形工具" □ 在页面中绘制两个大小为230mm×120mm的矩形框，如图4-13所示。

图4-13

02 导入"素材文件>CH04>素材01.jpg"文件，然后将其放置在第一个矩形框的下面，并调整位置和大小，如图4-14所示；接着选中图片，执行"对象>图框精确裁剪>置于图文框内部"菜单命令，将其置于图像上面的矩形框中，效果如图4-15所示。

图4-14

图4-15

03 在距离上边距和左边距各10mm的地方绘制六个红边矩形框，矩形框大小为7mm×8mm，轮廓线宽度为0.8mm，间距为0.4mm，如图4-16所示。

图4-16

04 在距离上边距和右边距各10mm的地方绘制两个红边矩形框，大小为20mm×20mm，轮廓线宽度为0.4mm，然后将左边的矩形轮廓线更改为虚线，效果如图4-17所示，接着在页面中绘制如图4-18所示的三条横虚线。

图4-17

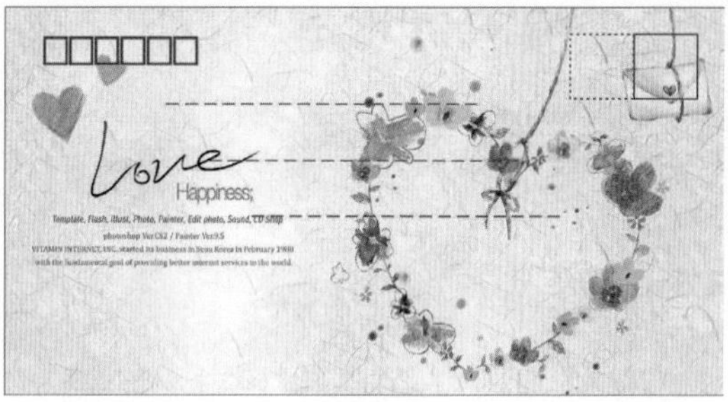

图4-18

05 使用"基本形状工具" 绘制一个梯形，然后使用"形状工具" 进行调整，并填充颜色为(C: 4, M: 3, Y: 20, K: 0)，接着将其拖曳到第二个矩形中，如图4-19所示的形状，再将变形后的梯形复制一份，单击"属性栏"中的"垂直镜像"按钮 将其垂直镜像，最后拖曳到合适的位置，效果如图4-20所示。:

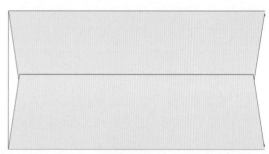

图4-19

图4-20

06 使用相同的方法绘制信封左右两边的形状，然后填充颜色为(C: 12, M: 9, Y: 49, K: 0)，并去掉轮廓线，效果如图4-21所示。

图4-21

07 双击"矩形工具" 新建一个和页面大小一样的矩形，然后填充颜色为(C: 7, M: 7, Y: 28, K: 0)，接着去掉轮廓线，最终效果如图4-22所示。

图4-22

4.2 椭圆工具组

椭圆形是图形绘制中除矩形外的另一个常用的基本图形，CorelDRAW X7软件提供了2种绘制工具，"椭圆形工具"和"3点椭圆形工具"。

4.2.1 椭圆形工具

"椭圆形工具"以斜角拖动的方法快速绘制椭圆，可以在其"属性栏"中进行基本设置。

1.椭圆基础绘制

选择工具箱中的"椭圆形工具"，然后在页面空白处按住鼠标左键以对角的方向进行拉伸，如图4-23所示，可以预览圆弧大小，在确定大小后松开鼠标左键完成编辑，如图4-24所示。

在绘制椭圆形时按住Ctrl键可以绘制一个圆形，如图4-25所示，也可以在属性栏上输入宽和高将原有的椭圆变为圆形；按住Shift键可以以起始点为中心绘制一个椭圆形，同时按住Shift键和Ctrl键则是以起始点为中心绘制正圆。

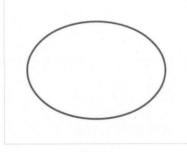
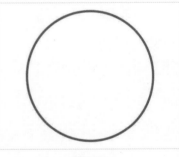

| 图4-23 | 图4-24 | 图4-25 |

2.绘制曲线

"椭圆形工具"的属性栏如图4-26所示。

图4-26

椭圆形工具属性栏选项介绍

椭圆形：在单击"椭圆工具"后，默认情况下该图标是激活的，绘制椭圆形，如图4-27所示，选择饼图和弧后该图标为未选中状态。

饼图：单击激活后可以绘制圆饼，或者将已有的椭圆变为圆饼，如图4-28所示，点击选中其他两项则恢复为未选中状态。

弧：单击激活后可以绘制以椭圆为基础的弧线，或者将已有的椭圆或圆饼变为弧，如图4-29所示，变为弧后填充消失只显示轮廓线，点击选中其他两项则恢复未选中状态。

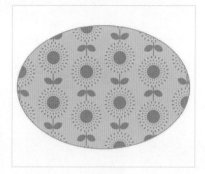

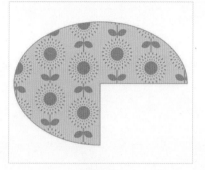

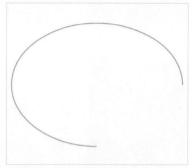

图4-27　　　　　　　　　　　图4-28　　　　　　　　　　　图4-29

起始和结束角度：用于设置"饼图"和"弧"的断开位置的起始角度与终止角度，范围是0度~360度。

更改方向 ↻：用于变更起始和终止的角度方向，也就是顺时针和逆时针的调换。

转曲 ✿：没有转曲进行形状编辑时，是以饼图或弧编辑的，如图4-30所示，转曲后可以进行曲线编辑，可以增减节点，如图4-31所示。

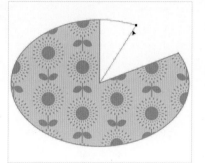

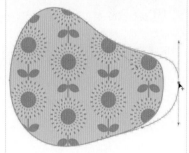

图4-30　　　　　　　　　　　图4-31

4.2.2　3点椭圆形工具

"3点椭圆形工具"和"3点矩形工具"的绘制原理相同都是定3个点来确定一个形，不同之处是矩形以高度和宽度定一个形，椭圆则是以高度和直径长度定一个形。

选择工具箱中的"3点椭圆形工具" ◎，然后在页面空白处单击鼠标定下第1个点，接着长按鼠标左键拖动一条实线进行预览，如图4-32所示，确定位置后松开鼠标左键定下第2个点，再移动光标进行定位，如图4-33所示，确定后单击鼠标左键完成编辑。

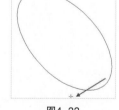

图4-32　　　　图4-33

📢 **Tips**

在使用"3点椭圆形工具"绘制时，按住Ctrl键进行拖动可以绘制一个圆形。

即学即用

（扫码观看视频）

● **绘制时尚背景图案**

实例位置

实例文件 >CH04> 绘制时尚背景图案 .cdr

素材位置

素材文件 >CH04> 素材 02.cdr

视频名称

绘制时尚背景图案 .mp4

实用指数

★★★★☆

技术掌握

椭圆形工具的用法

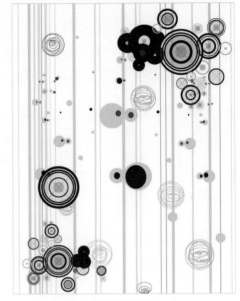

最终效果图

01 新建一个大小为210mm×267mm的文档，然后使用"矩形工具"□在页面中绘制两个大小为105mm×267mm的矩形框，接着填充白色，再选中两个矩形，最后按Ctrl+G组合键将其组合，如图4-34所示。

02 在页面中绘制多条竖直线，然后设置不同的宽度和颜色，如图4-35所示；接着使用"椭圆形工具"□在页面中绘制多个大小不同的圆，再填充不同颜色；最后去掉轮廓线，效果如图4-36所示。

图4-34

图4-35

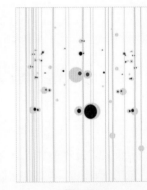

图4-36

03 用"椭圆形工具"□绘制如图4-37所示的图形，然后复制多个并填充不同的轮廓线颜色，接着将其拖曳到页面中，效果如图4-38所示；最后导入"素材文件>CH04>素材02.jpg"文件，最终效果如图4-39所示。

图4-37

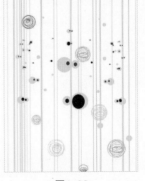

图4-38

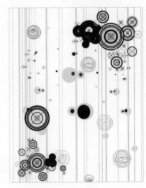

图4-39

4.3 多边形工具

"多边形工具"是专门用于绘制多边形的工具，比矩形与椭圆形工具绘制出来的图形略微复杂，它可以自定义多边形的边数。

4.3.1 多边形的绘制方法

选择工具箱中的"多边形工具"，然后在页面空白处按住鼠标左键以对角的方向进行拉伸，如图4-40所示。可以预览多边形大小，确定后松开鼠标左键完成编辑，如图4-41所示，在默认情况下，多边形边数为5条。

在绘制多边形时按住Ctrl键可以绘制一个正多边形，如图4-42所示，也可以在属性栏上输入宽和高改为正多边形。按住Shift键是以中心为起始点绘制一个多边形，按住Shift+Ctrl组合键则是以中心为起始点绘制正多边形。

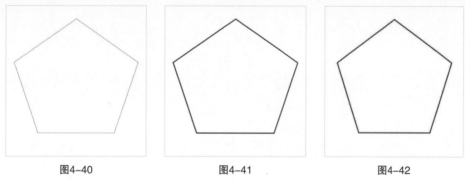

图4-40　　　　　　　　图4-41　　　　　　　　图4-42

4.3.2 多边形的设置

"多边形工具"的属性栏如图4-43所示。

図4-43

多边形工具属性栏选项介绍

点数或边数：在文本框中输入数值，可以设置多边形的边数，最少边数为3，边数越多越偏向圆，如图4-44所示，最多边数为500。

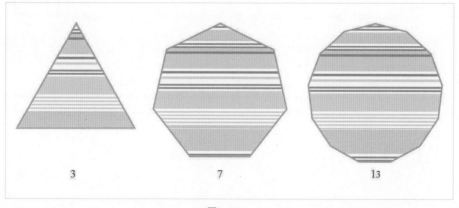

图4-44

4.3.3 多边形的修饰

多边形和星形、复杂星形都是息息相关的，可以增加边数和利用"形状工具"的修饰来进行转化。

1.多边形转星形

在默认的5条边情况下，绘制一个正多边形，然后填充颜色，接着在工具箱中单击"形状工具"，在线段上选择一个节点，按住Ctrl键的同时长按鼠标左键向多边形内拖动，如图4-45所示，松开鼠标左键得到一个五角星形，如图4-46所示。如果边数相对比较多，就可以做一个花边形状，如图4-47所示。还可以在此效果上加入旋转效果，任选一个多边形内侧的节点，然后按住鼠标左键进行拖动，如图4-48所示。

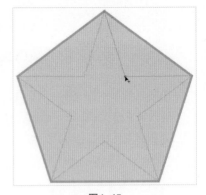

图4-45

图4-46

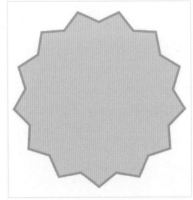

图4-47

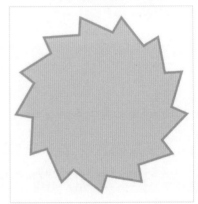

图4-48

2.多边形转复杂星形

选择工具箱中的"多边形工具"，然后在属性栏中设置边数为13，然后按Ctrl键绘制一个正多边形，接着单击"形状工具"，选择线段上的一个节点，进行拖动至重叠，如图4-49所示，松开鼠标左键就得到一个复杂的重叠的星形，如图4-50所示。

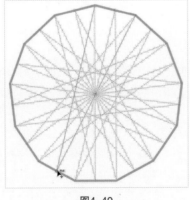

图4-49

图4-50

4.4 星形工具

"星形工具"用于绘制规则的星形，默认下星形的边数为5。

4.4.1 星形的绘制

选择工具箱中的"星形工具"，然后在页面空白处按住鼠标左键以对角的方向拖动鼠标，如图4-51所示，松开鼠标左键完成编辑，如图4-52所示。

在绘制星形时按住Ctrl键可以绘制一个正星形，如图4-53所示，也可以在属性栏中输入宽和高进行修改。按住Shift键可以以中心为起始点绘制一个星形，同时按住Shift键和Ctrl键则是以中心为起始点绘制正星形，与其他几何图形的绘制方法相同。

图4-51

图4-52

图4-53

4.4.2 星形的参数设置

"星形工具"的属性栏如图4-54所示。

图4-54

星形工具属性栏选项介绍

锐度▲：调整角的锐度，可以在文本框内输入数值，数值越大角越尖，数值越小角越钝，如图4-55所示，最大为99，角向内缩成线；如图4-56所示，最小为1，角向外扩几乎贴平；如图4-57所示值为50，这个数值比较适中。

图4-55

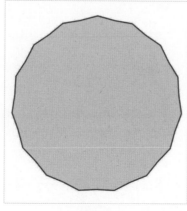

图4-56

图4-57

4.5 复杂星形工具

"复杂星形工具"用于绘制有交叉边缘的星形，与星形的绘制方法一样。

4.5.1 复杂星形的绘制

选择工具箱中的"复杂星形工具" 🔧，然后在页面空白处按住鼠标左键以对角的方向拖动，松开鼠标左键完成编辑，如图4-58所示。

按住Ctrl键可以绘制一个正星形，按住Shift键可以以中心为起始点绘制一个星形，同时按住Shift键和Ctrl键则是以中心为起始点绘制正星形，如图4-59所示。

图4-58   图4-59

4.5.2 复杂星形的设置

"复杂星形工具" 🔧的属性栏如图4-60所示。

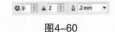

图4-60

复杂星形工具属性栏选项介绍

点数或边数：最大数值为500（数值没有变化），如图4-61所示，则变为圆；最小数值为5（其他数值为3），如图4-62所示，为交叠五角星。

锐度：最小数值为1（数值没有变化），如图4-63所示，边数越大越偏向为圆。最大数值随着边数递增，如图4-64所示。

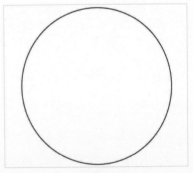

图4-61

图4-62

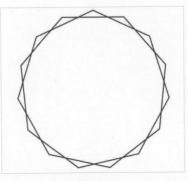

图4-63

图4-64

4.6 图纸工具

"图纸工具"可以绘制一组由矩形组成的网格，格子数值可以设置。

4.6.1 设置参数

在绘制图纸之前需要设置网格的行数和列数，以便于在绘制时更加精确。设置行数和列数的方法有以下2种。

第1种，双击工具箱中的"图纸工具" 打开"选项"面板，如图4-65所示，在"图纸工具"选项下设置"宽度方向单元格数"和"高度方向单元格数"的数值，确定行数和列数，完成后单击"确定"按钮 确定 即设置好网格数值。

图4-65

第2种，选择工具箱中的"图纸工具" ，在其属性栏的"行数和列数"上输入数值，如图4-66所示，在"行" 输入6"列" 输入5得到的网格图纸，如图4-67所示。

图4-66

图4-67

4.6.2 绘制图纸

选择工具箱中的"图纸工具" ，然后设置好网格的行数与列数，接着在页面空白处按住鼠标左键以对角方向拖动鼠标，如图4-68所示，松开鼠标左键完成绘制，如图4-69所示。按住Ctrl键可以绘制一个外框为正方形的图纸，如图4-70所示。按住Shift键可以以中心为起始点绘制一个图纸，同时按住Shift键和Ctrl键则是以中心为起始点绘制外框为正方形的图纸。

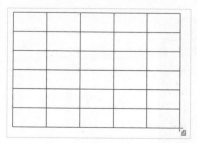

图4-68

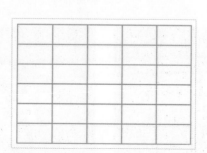

图4-69

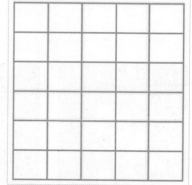

图4-70

即学即用

〔扫码观看视频〕

● 绘制格子图案

实例位置

实例文件 >CH04> 绘制格子图案 .cdr

素材位置

无

视频名称

绘制格子图案 .mp4

实用指数

★ ★ ★ ☆ ☆

技术掌握

图纸工具的用法

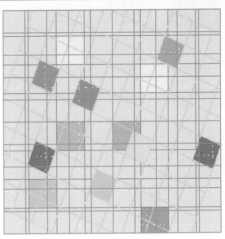

最终效果图

01 新建一个大小为200mm×200mm的文档，然后选择"图纸工具" 在页面中绘制一个10行10列的格子图形，整体大小为200mm×200mm，如图4-71所示，并复制多个备用，接着绘制一个黑色矩形放置在页面最底层，以凸显图形的颜色，再为其中一个格子图形填充颜色为（C: 9，M: 0，Y: 9，K: 0），最后更改轮廓线颜色为（C: 20，M: 0，Y: 60，K: 20），效果如图4-72所示。

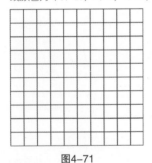
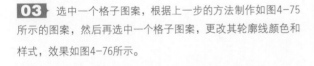

图4-71　　　　　　　图4-72

02 选择一个格子图案，然后更改其形状、轮廓线颜色和样式，如图4-73所示，并将其选中，执行"对象>组合>取消所有组合对象"菜单命令，接着为分解后的一些格子填充不同的颜色，最后选中所有格子按Ctrl+G组合键进行组合，效果如图4-74所示。

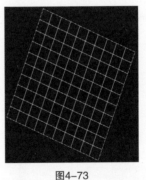

图4-73　　　　　　　图4-74

03 选中一个格子图案，根据上一步的方法制作如图4-75所示的图案，然后再选中一个格子图案，更改其轮廓线颜色和样式，效果如图4-76所示。

04 将第2步和第3步中绘制好的对象按如图4-77所示的顺序进行排列放置，然后选中所有的格子图案，按Ctrl+G组合键进行组合，接着选中该对象执行"对象>图框精确裁剪>置于图文框内部"菜单命令，将其置于第一步所绘制的格子图案中，再删除黑色矩形，最后效果如图4-78所示。

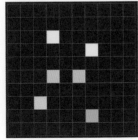

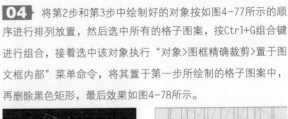
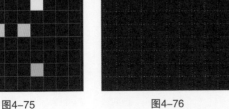
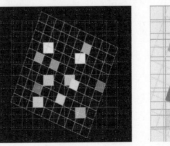
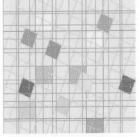

图4-75　　　　　图4-76　　　　　图4-77　　　　　图4-78

4.7 形状工具组

为了方便用户使用，CorelDRAW X7软件将一些常用的形状进行了编组，用户可以根据需要选择相应的形状绘制图形，长按鼠标左键打开工具箱中的形状工具组，如图4-79所示，包括"基本形状工具" ⬚、"箭头形状工具" ⬚、"流程图形状工具" ⬚、"标题形状工具" ⬚、"标注形状工具" ⬚5种形状样式。

图4-79

4.7.1 基本形状工具

"基本形状工具"可以快速绘制梯形、心形和三角形等基本形状，如图4-80所示。绘制方法和多边形绘制方法一样，个别形状在绘制时会出现有红色轮廓沟槽，通过轮廓沟槽可修改形状。

图4-80

选择工具箱中的"基本形状工具" ⬚，然后在其属性栏中"完美形状"图标 ⬚ 的下拉样式中进行选择，如图4-81所示，选择 ⬚图标在页面空白处按住鼠标左键拖动进行绘制，松开鼠标左键即完成绘制，如图4-82所示。将光标放在红色轮廓沟槽上，按住鼠标左键可以进行修改形状，如图4-83所示将笑脸变为哭脸。

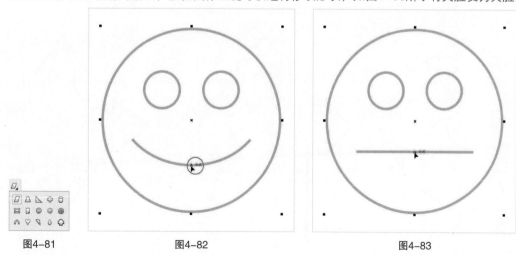

图4-81 　　　　　　　　　　图4-82 　　　　　　　　　　图4-83

4.7.2 箭头形状工具

"箭头形状工具"可以快速绘制路标、指示牌和方向引导标识，如图4-84所示，移动轮廓沟槽可以修改其形状。

图4-84

选择工具箱中的"箭头形状工具"，然后在其属性栏中"完美形状"图标的下拉样式中进行选择，如图4-85所示，选择图标在页面空白处按住鼠标左键拖动进行绘制，松开鼠标左键即完成绘制，如图4-86所示。

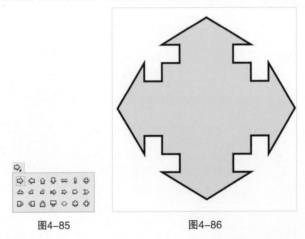

图4-85　　　　　　　　　　　图4-86

由于箭头相对复杂，变量也相对较多，控制点为3个，黄色的轮廓沟槽控制箭头的宽度，如图4-87所示；蓝色的轮廓沟槽控制十字干的粗细，如图4-88所示；红色的轮廓沟槽控制中间方框的大小，如图4-89所示。

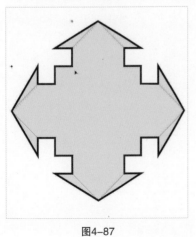

图4-87

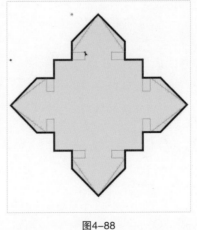

图4-88

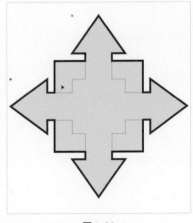

图4-89

4.7.3 流程图形状工具

"流程图形状工具"可以快速绘制数据流程图和信息流程图，如图4-90所示，这类工具不能通过轮廓沟槽修改形状。

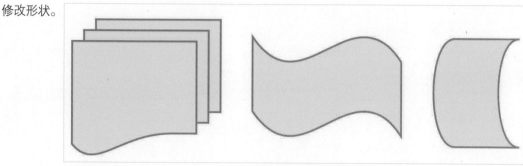

图4-90

选择工具箱中的"流程图形状工具" ，然后在其属性栏中"完美形状"图标 的下拉样式中进行选择，如图4-91所示，选择 图标在页面空白处按住鼠标左键拖动进行绘制，松开鼠标左键即完成绘制，如图4-92所示。

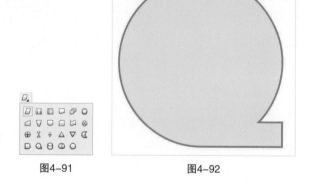

图4-91   图4-92

4.7.4 标题形状工具

"标题形状工具"可以快速绘制标题栏、旗帜标语、爆炸效果，如图4-93所示，可以通过轮廓沟槽修改形状。

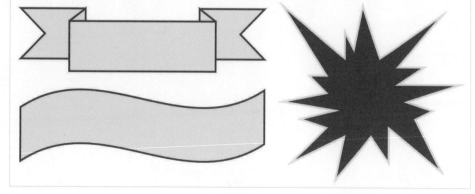

图4-93

选择工具箱中的"标题形状工具" 🔲，然后在其属性栏中"完美形状"图标 🔲 的下拉样式中进行选择，如图4-94所示，选择 🔲 图标在页面空白处按住鼠标左键拖动进行绘制，松开鼠标左键即完成绘制，如图4-95所示。红色的轮廓沟槽控制宽度，如图4-96所示；黄色的轮廓沟槽控制透视，如图4-97所示。

图4-94

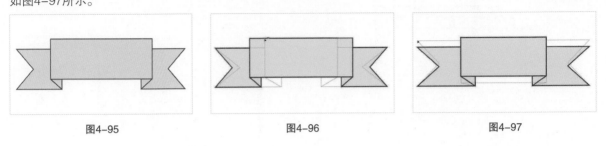

| 图4-95 | 图4-96 | 图4-97 |

4.7.5 标注形状工具

"标注形状工具"可以快速绘制补充说明和对话框，如图4-98所示，可以通过轮廓沟槽修改形状。

图4-98

选择工具箱中的"标注形状工具" 🔲，然后在其属性栏中"完美形状"图标 🔲 的下拉样式中进行选择，如图4-99所示；选择 🔲 图标在页面空白处按住鼠标左键拖动进行绘制，松开鼠标左键即完成绘制，如图4-100所示。拖动轮廓沟槽修改标注的角，如图4-101所示。

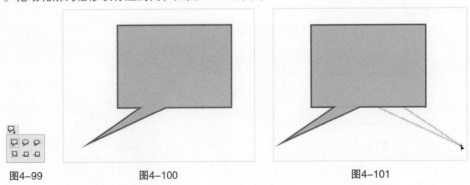

| 图4-99 | 图4-100 | 图4-101 |

4.8 课后习题

几何工具的操作虽然非常简单，但是在实际操作中使用到的频率却非常高，因此在这里安排两个课后供大家练习，加强对知识的学习。

4.8.1 课后习题

● 绘制万圣节海报

实例位置
实例文件 >CH04>.cdr
素材位置
素材文件 >CH04> 素材 03cdr、04.cdr
视频名称
调整滤镜对图像的影响程度 .mp4
实用指数
★ ★ ★ ☆ ☆
技术掌握
矩形工具的使用方法

〈扫码观看视频〉

最终效果图

制作思路如图4-102所示。

打开素材文件，然后使用"矩形工具"□为页面中的房子绘制白色矩形作为窗户，接着导入素材。

图4-102

4.8.2

课后习题

（扫码观看视频）

● 绘制数字图案

实例位置

实例文件 >CH04> 绘制数字图案 .cdr

素材位置

素材文件 > 无

视频名称

绘制数字图案 .mp4

实用指数

★★★★☆

技术掌握

多边形工具的用法

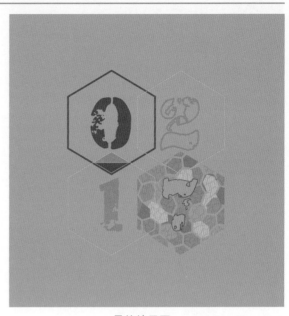

最终效果图

制作思路如图4-103所示。

第1步，新建一个文档，然后使用"多边形工具" ⊙绘制多个不同颜色的六边形，并去掉轮廓线，接着全选进行组合，再复制多个六边形调整不同的角度，最后将所有图形转换为"位图"，为其添加"鹅卵石"底纹。

第2步，绘制一个正六边形，然后复制多个，更改其轮廓线颜色和宽度，接着在页面合适位置绘制两个小三角形，并填充不同颜色，再将上一步绘制好的底纹图案置于最后一个正六边形内，最后双击"矩形工具" ▭新建一个和页面大小一样的矩形，填充颜色后去掉轮廓线。

第3步，在正六边形内输入文字，然后填充颜色或更改轮廓线颜色，接着为部分文字执行"转曲"操作，再设置文字的"轮廓线"宽度。

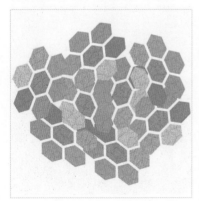

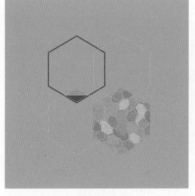

图4-103

CHAPTER

05

图形的修饰与编辑

本章主要讲解修饰和编辑图形的工具与方法，通过本章的学习，用户在绘制对象的过程中，可以针对编辑对象使用多种工具进行修饰，使编辑的图形更加精准美观，富有表现力。图形的修饰与编辑在平面设计当中也是很重要的一节。

* 形状工具
* 吸引工具
* 排斥工具
* 沾染工具

* 粗糙工具
* 裁剪工具
* 图框精确剪裁
* 刻刀工具

* 虚拟段删除工具
* 橡皮擦工具
* 造型操作

5.1 形状工具

"形状工具" 可以直接编辑由"手绘""贝塞尔"和"钢笔"等曲线工具绘制的对象，通过增加与减少节点，移动控制节点来改变曲线。对于"椭圆形""多边形"和"文本"等工具绘制的对象不能进行直接编辑，需要将其转曲后才能进行相关操作。

"形状工具" 的属性栏如图5-1所示。

图5-1

形状工具属性栏选项介绍

选取范围模式：切换选择节点的模式，包括"手绘"和"矩形"两种。

添加节点 ：单击添加节点，以增加可编辑线段的数量。

删除节点 ：单击删除节点，改变曲线形状，使之更加平滑。

连接两个节点 ：连接开放路径的起始和结束节点创建闭合路径。

断开曲线 ：断开闭合或开放对象的路径。

转换为线条 ：使曲线转换为直线。

转换为曲线 ：将直线线段转换为曲线，可以调整曲线的形状。

尖突节点 ：通过将节点转换为尖突，制作一个锐角。

平滑节点 ：将节点转为平滑节点来提高曲线平滑度。

对称节点 ：将节点的调整应用到两侧的曲线。

反转方向 ：反转起始与结束节点的方向。

延长曲线使之闭合 ：以直线连接起始与结束节点来闭合曲线。

提取子路径 ：在对象中提取出其子路径，创建两个独立的对象。

闭合曲线 ：连接曲线的结束节点，闭合曲线。

延展与缩放节点 ：放大或缩小选中节点相应的线段。

旋转与倾斜节点 ：旋转或倾斜选中节点相应的线段。

对齐节点 ：水平、垂直或以控制柄来对齐节点。

水平反射节点 ：激活编辑对象水平镜像的相应节点。

垂直反射节点 ：激活编辑对象垂直镜像的相应节点。

弹性模式 ：为曲线创建另一种具有弹性的形状。

选择所有节点 ：选中对象所有的节点。

减少节点：自动删减选定对象的节点来提高曲线平滑度。

曲线平滑度：通过更改节点数量调整平滑度。

边框 ：激活去掉边框。

"形状工具"无法对组合的对象进行修改，只能逐个针对单个对象进行编辑。

知识链接

有关"形状工具"的具体介绍，请参阅前面第3章中"3.2.4 贝塞尔的修饰"内容。

5.2 吸引工具

"吸引工具"可通过在对象内部或外部长按鼠标左键,使对象边缘产生回缩涂抹效果,组合对象也可以进行涂抹操作。

5.2.1 单一对象吸引

选中对象,单击"吸引工具",然后将光标移动到图形边缘线上,如图5-2所示,光标移动的位置会影响吸引的效果,长按鼠标左键进行修改,可浏览吸引的效果,如图5-3所示,松开左键完成修改。

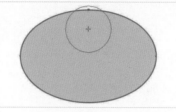
图5-2

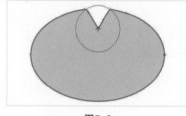
图5-3

Tips

在使用吸引工具的时候,对象的轮廓线必须出现在笔触的范围内,才能显示涂抹效果。

5.2.2 群组对象吸引

选中组合的对象,单击"吸引工具",将光标移动到相应位置上,如图5-4所示,然后长按左键进行修改,可浏览吸引的效果,如图5-5所示,松开左键完成修改。组合对象吸引的时候根据对象的叠加位置不同,在吸引后产生的凹陷程度也不同。

图5-4

图5-5

Tips

在涂抹过程中移动鼠标,会产生涂抹吸引的效果,如图5-6所示,在星形下面的端点长按左键向上拖动,产生涂抹预览如图5-7所示,拖动到想要的效果后松开左键完成编辑,如图5-8所示。

图5-6

图5-7

图5-8

5.2.3 吸引的设置

吸引工具"图的属性栏如图5-9所示。

⊖ 40.0 mm ↕ ⊕ 20 ➕ ✏

图5-9

吸引工具属性栏选项介绍

速度：设置数值可以调节吸引的速度，方便进行精确涂抹。

5.3 排斥工具

"排斥工具"图通过在对象内部或外部长按鼠标左键，使边缘产生推挤涂抹效果，组合对象也可以进行涂抹操作。

5.3.1 单一对象排斥

选中对象，单击"排斥工具"图，将光标移动到图形线段上，如图5-10所示，长按左键进行预览，松开鼠标左键完成修改，如图5-11和图5-12所示。

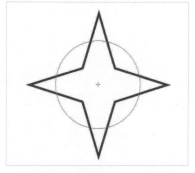

图5-10

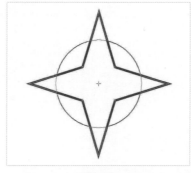

图5-11

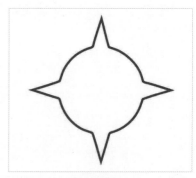

图5-12

📢 **Tips**

"排斥工具"是从笔刷中心开始向笔刷边缘推挤产生效果，在涂抹时可以产生2种情况。

1.笔刷中心在对象内，涂抹效果为向外鼓出，如图5-13所示。

2.笔刷中心在对象外，涂抹效果为向内凹陷，如图5-14所示。

图5-13

图5-14

5.3.2 组合对象排斥

选中组合对象，单击"排斥工具" 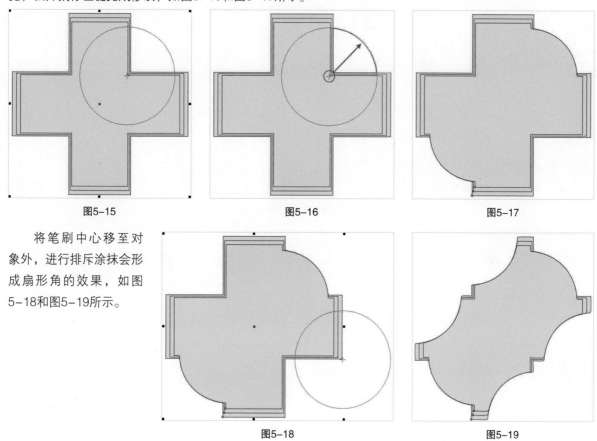，将光标移动到图形最内层上，如图5-15所示，长按左键进行预览，松开鼠标左键完成修改，如图5-16和图5-17所示。

图5-15　　　　　　　　　图5-16　　　　　　　　　图5-17

将笔刷中心移至对象外，进行排斥涂抹会形成扇形角的效果，如图5-18和图5-19所示。

图5-18　　　　　　　　　图5-19

5.3.3 排斥的设置

选择"排斥工具" ，其属性栏相关参数设置如图5-20所示，它和"吸引工具"参数相同。

⊖ 40.0 mm ⬦ 20 ✦ ✎

图5-20

5.4 沾染工具

"沾染工具" 可以在矢量对象外轮廓上进行拖动使其变形。

5.4.1 涂抹修饰

沾染工具不能用于组合对象，需要将对象取消组合后分别针对线和面进行调整修饰。

1.线的修饰

选中需要调整的线条，然后单击"沾染工具" ，将光标移动到线条上并按住左键进行拖动，如图5-21所示，笔刷拖动的方向决定挤出的方向和长短。特别要注意的是，在调整时重叠的位置会被修剪掉，如图5-22所示。

图5-21

图5-22

2.面的修饰

选中需要调整的闭合路径，然后单击"沾染工具" ，在对象轮廓位置按住左键进行拖动。笔尖向外拖动为添加，拖动的方向和距离决定挤出的方向和长短，如图5-23所示；笔尖向内拖动为修剪，其方向和距离决定修剪的方向和长短，如图5-24所示。在调整时重叠的位置会被修剪掉。

图5-23

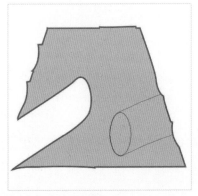

图5-24

Tips

注意，沾染的修剪不是真正的修剪，如图5-25所示，如果向内部调整的范围超出对象时，会有轮廓显示，而不是修剪成两个独立的对象。

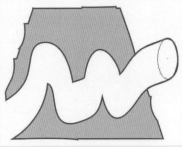

图5-25

5.4.2 沾染的设置

"沾染工具" 的属性栏如图5-26所示。

图5-26

沾染工具属性栏选项介绍

笔尖半径 ⊖：调整沾染笔刷的尖端大小，决定凸出和凹陷的大小。

干燥 ✐：在使用"沾染工具" ✐时调整加宽或缩窄渐变效果的比率，范围为–10~10，值为0是不渐变的。数值为–10时，笔刷随着鼠标的移动而变大，如图5-27所示；数值为10时，笔刷随着鼠标的移动而变小，如图5-28所示。

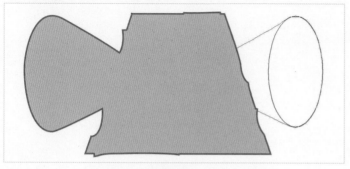

图5-27

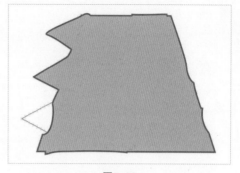

图5-28

笔倾斜 ⤸：设置笔刷尖端的饱满程度，角度固定为15°～90°，角度不同，调整的效果也不同，角度越大越圆，越小越尖。

笔方位 ⬚：以固定的数值更改沾染笔刷的方位。

5.5 粗糙工具

"粗糙工具" ⬚可以沿着对象的轮廓进行操作，将轮廓形状改变，但不能对组合对象进行操作。

5.5.1 粗糙修饰

选择"粗糙工具" ⬚，然后在对象轮廓位置长按鼠标左键并拖动进行修改，此时会形成细小且均匀的粗糙尖突效果，如图5-29所示。在相应轮廓位置单击鼠标左键，则会形成单个的尖突效果，同时还可以制作褶皱等效果，如图5-30所示。

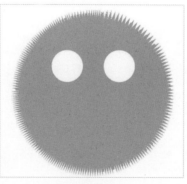

图5-29

图5-30

5.5.2 粗糙的设置

"粗糙工具"的属性栏如图5-31所示。

⊖ 15.0 mm ⌄ | ⤸ | ⤸ 10 ⌄ | ✐ 0 ⌄ | ⬚ | 45.0° ⌄ | 自动 ⌄ | 0° ⌄

图5-31

粗糙工具属性栏选项介绍

尖突的频率 ：通过输入数值改变粗糙的尖突频率，范围值最小为1，尖突比较缓，如图5-32所示；最大值为10，尖突比较密集，像锯齿，如图5-33所示。

图5-32

图5-33

尖突方向：可以更改粗糙尖突的方向。

Tips

在转曲之后，如果在对象上添加了比如说变形、透视、封套之类的效果，是无法使用"粗糙工具"的，要使用该工具，必须再转曲一次。

即学即用

（扫码观看视频）

● 绘制卡通刺猬

实例位置
实例文件 >CH05> 绘制卡通刺猬 .cdr
素材位置
素材文件 >CH05> 素材 01.jpg、02.cdr
视频名称
绘制卡通刺猬 .mp4
实用指数
★★★★☆
技术掌握
粗糙工具的用法

最终效果图

01 新建一个A4大小的文档，然后使用"钢笔工具" 在页面中绘制刺猬的身体轮廓，如图5-34所示。

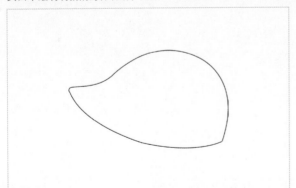

图5-34

02 选择"粗糙工具" ，然后在其属性栏中设置"笔尖半径"为25mm、"尖突的频率"为5，设置如图5-35所示，接着在轮廓上按住鼠标左键进行拖曳，如图5-36所示。

图5-35

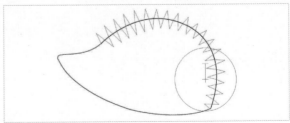

图5-36

03 为刺猬的身体填充颜色（C：44，M：53，Y：63，K：0），然后更改其轮廓线颜色为（C：63，M：71，Y：100，K：38），效果如图5-37所示。

图5-37

04 使用"钢笔工具"在刺猬身体上绘制花纹，更改其轮廓线颜色为（C：2，M：16，Y：20，K：0），效果如图5-38所示。

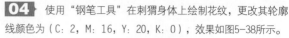

图5-38

05 使用"钢笔工具"绘制刺猬的腿，然后填充颜色为（C：44，M：53，Y：63，K：0），并更改其轮廓线颜色为（C：63，M：71，Y：100，K：38），效果如图5-39所示。

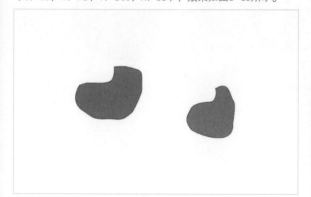

图5-39

06 使用"椭圆形工具"和"粗糙工具"绘制如图5-40所示的图形，分别填充白色和颜色（C：25，M：29，Y：33，K：0）；然后绘制刺猬的鼻子，为其填充颜色为（C：60，M：62，Y：100，K：20），接着更改其轮廓线颜色为（C：62，M：63，Y：79，K：18）；最后将绘制好的身体部位拖曳到刺猬身体上，效果如图5-41所示。

图5-40

图5-41

07 导入"素材文件>CH05>素材01.jpg"文件，然后将苹果素材复制多份并调整方向，分别放置刺猬的背上和脚下，效果如图5-42所示；接着导入"素材文件>CH05>素材02.cdr"文件，最终效果图如图5-43所示。

图5-42

图5-43

5.6 裁剪工具

　　"裁剪工具"可以裁剪掉对象或图像中不需要的部分，可以裁剪组合对象，但不可以裁剪转曲过的对象。

选中需要修整的图像，单击"裁剪工具"，然后在图像上绘制裁剪范围，如图5-44所示，如果裁剪范围不理想可以拖动节点进行修正，完成后按Enter键确定裁剪，如图5-45所示。

图5-44 图5-45

Tips

在绘制裁剪范围时，单击范围内区域可以旋转裁剪范围，让裁剪变得更灵活，如图5-46所示，按Enter键完成裁剪，如图5-47所示。

图5-46 图5-47

在绘制裁剪范围时，如果绘制失误，则可以单击属性栏"清除裁剪选取框"按钮取消裁剪的范围，方便用户重新进行范围绘制，如图5-48所示。

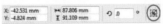

图5-48

即学即用

（扫码观看视频）

● 制作儿童照片墙

实例位置
实例文件 >CH05> 制作儿童照片墙 .cdr
素材位置
素材文件 >CH05> 素材 03.cdr、04.jpg~09.jpg
视频名称
制作儿童照片墙 .mp4
实用指数
★★★★☆
技术掌握
裁剪工具的用法

最终效果图

01 打开"素材文件>CH05>素材03.
cdr"文件,如图5-49所示,然后导入
"素材文件>CH05>素材04.jpg~09.jpg"文
件,如图5-50所示。

图5-49   图5-50

02 选中如图5-51所示的图像,然
后使用"裁剪工具"在相框中绘制裁
剪范围,如图5-52所示;接着将绘制
好的裁剪框拖曳到选中的图像上,如图
5-53所示。

图5-51   图5-52   图5-53

03 按Enter键确定裁剪,然后将裁
剪后的图像拖曳到相框中,如图5-54
所示,接着使用相同的方法裁剪其他照
片,最后将裁剪好的照片拖曳到对应的
相框中,最终效果如图5-55所示。

图5-54   图5-55

5.7 图框精确剪裁

"图框精确剪裁"命令可以将所选对象置入目标对象的内部,使对象按目标对象的外形进行精确的裁
剪,形成纹理或者裁剪图像效果。所选对象可以是矢量对象也可以是位图对象,置入的目标对象可以是任何
对象,如文字或图形等。

5.7.1 置入对象

导入一张位图,然后在页面空白处绘制一个形状,如图5-56所示,接着执行"对象>图框精确剪裁>置于图
文框内部"菜单命令,如图5-57所示,再将光标移动到形状内,此时光标会自动显示为箭头形状,如图5-58所
示,最后单击形状将图片置入,置入后的位图居中显示,效果如图5-59所示。

图5-56

图5-57

图5-58

图5-59

在置入时，也可以在需要置入的对象上绘制图形，如图5-60所示，置入后的图像为图形所在的区域，如图5-61所示。

图5-60

图5-61

5.7.2 编辑操作

置入对象后可以在菜单栏"对象>图框精确剪裁"的子菜单上选择命令进行操作，如图5-62所示。也可以在对象下方的悬浮图标上选择命令进行操作，如图5-63所示。

图5-62

图5-63

1.编辑内容

用户可以选择相应的编辑方式编辑置入内容。

（1）编辑PowerClip

选中对象，在下方出现悬浮图标时单击"编辑PowerClip"图标进入目标对象内部，如图5-64所示；接着调整位图的位置或大小，如图5-65所示；最后单击"停止编辑内容"图标完成编辑，如图5-66所示。

图5-64

图5-65

图5-66

（2）选择PowerClip内容

选中对象，在下方出现悬浮图标，然后单击"选择PowerClip内容"图标█选中置入的位图，如图5-67所示。

"选择PowerClip内容"进行编辑内容是不需要进入目标对象内部的，可以直接选中对象，以圆点标注出来，然后直接进行编辑，单击任意位置完成编辑，如图5-68所示。

图5-67　　　　　　　　　　图5-68

2.调整内容

单击图像下方悬浮图标后面的展开箭头，在打开的下拉菜单上可以选择相应的命令来调整置入的对象。

（1）内容居中

当置入的对象位置有偏移时，选中置入后的图像，在悬浮图标的下拉菜单上执行"内容居中"命令，将置入的对象居中排放在目标对象内，如图5-69所示。

图5-69

（2）按比例调整内容

当置入的对象大小与目标对象不符时，选中置入后的图像，在悬浮图标的下拉菜单上执行"按比例调整内容"命令，将置入的对象按图像原比例缩放在目标对象内，如图5-70所示。如果目标对象形状与置入的对象形状不符合时，会留空白位置。

图5-70

（3）按比例填充框

当置入的对象大小与目标对象不符时，选中置入后的图像，在悬浮图标的下拉菜单上执行"按比例填充框"命令，将置入的对象按图像原比例填充在目标对象内，如图5-71所示，图像不会产生变化。

图5-71

（4）延展内容以填充框

当置入对象的比例大小与目标对象形状不符时，选中置入后的图像，在悬浮图标的下拉菜单上执行"延展内容以填充框"命令，将置入的对象按目标对象比例进行填充，如图5-72所示，图像会产生变形。

图5-72

3.锁定内容

在对象置入后，在下方悬浮图标单击"锁定PowerClip内容"图标 解锁，如图5-73所示，然后移动矩形目标对象，置入的对象不会随着矩形目标对象的移动而移动，如图5-74所示。单击"锁定PowerClip内容"图标 激活上锁后，移动矩形目标对象会连带置入对象一起移动，如图5-75所示。

图5-73

图5-74

图5-75

4.提取内容

选中置入后的图像，然后在下方出现的悬浮图标中单击"提取内容"图标 将置入对象提取出来，如图5-76所示。

提取对象后，目标对象中间会出现两条对角线，表示该对象为"空PowerClip图文框"，此时拖入图片或提取出的对象可以快速置入，如图5-77所示。

图5-76   图5-77

选中"空PowerClip图文框"，然后单击鼠标右键在打开的菜单中执行"框类型>无"命令，如图5-78所示，可以将空PowerClip图文框转换为图形对象。

图5-78

5.8 刻刀工具

"刻刀工具" 可以将对象边缘沿直线或曲线拆分为两个独立的对象。

5.8.1 直线拆分对象

选中对象，然后单击"刻刀工具" ，当光标变为刻刀形状 时，移动到对象轮廓线上单击鼠标左键定下开始点，如图5-79所示，移动光标会出现一条实线可进行预览，如图5-80所示。

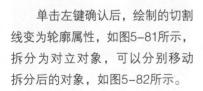

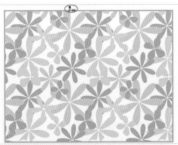

图5-79

图5-80

单击左键确认后，绘制的切割线变为轮廓属性，如图5-81所示，拆分为对立对象，可以分别移动拆分后的对象，如图5-82所示。

图5-81

图5-82

5.8.2 曲线拆分对象

选中对象，然后单击"刻刀工具" ，当光标变为刻刀形状 时，移动到对象轮廓线上按住鼠标左键绘制曲线，如图5-83所示，预览绘制的实线进行调节，如图5-84所示，切割失误可以按Ctrl+Z组合键撤销重新绘制。

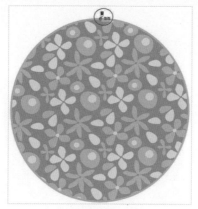 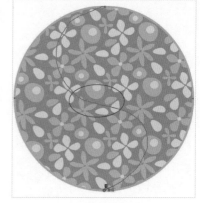

图5-83 图5-84

曲线绘制到边线后，会吸附连接成轮廓线，如图5-85所示，拆分为独立对象后，可以分别移动拆分后的对象，如图5-86所示。

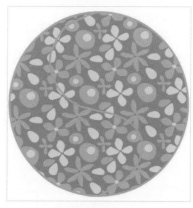

图5-85 图5-86

5.8.3 拆分位图

"刻刀工具" 除了可以拆分矢量图之外还可以拆分位图。导入一张位图，选中后单击"刻刀工具" ，如图5-87所示，在位图边框开始绘制直线切割线，如图5-88所示，拆分为独立对象后，可以将对象分别进行移动，如图5-89所示。

图5-87 图5-88 图5-89

曲线拆分位图时在位图边框开始绘制曲线切割线，如图5-90所示，拆分为独立对象后，可以将对象分别进行移动，如图5-91所示。

图5-90

图5-91

 疑难问答 ?

问："切割工具"可以绘制平滑的曲线吗？

答："切割工具"绘制曲线切割时，除了长按左键拖动绘制外，如图5-92所示，还可以在单击定下节点后按Shift键进行控制点调节，形成平滑曲线。

图5-92

5.8.4 刻刀工具设置

"刻刀工具" ✐ 的属性栏如图5-93所示。

图5-93

刻刀工具属性栏选项介绍

保留为一个对象 ⬚：将对象拆分为两个子对象，并不是2个独立对象，激活后不能进行分别移动，如图5-94所示，双击可以进行整体编辑节点

剪切时自动闭合 ⬚：激活该按钮后在分割时自动闭合路径，且将对象拆分为2个独立的对象，填充效果依然存在，如图5-94和图5-95所示；关掉该按钮，切割后不会闭合路径，且填充效果消失，但是对象依然拆分为2个独立的对象，如图5-96所示只显示路径。

图5-94

图5-95

图5-96

5.9 虚拟段删除工具

"虚拟段删除工具" 用于删除对象中重叠和不需要的线段。具体操作步骤如下：绘制一个图形并选中，然后选择"虚拟段删除工具"，光标在页面空白处显示为，如图5-97所示，将光标移动到需要删除的线段上，光标变为，如图5-98所示，单击选中的线段进行删除，如图5-99所示。

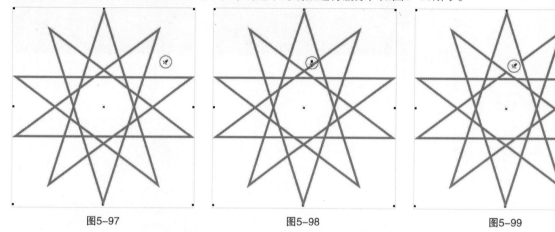

图5-97　　　　　　　　　　　图5-98　　　　　　　　　　　图5-99

如图5-100所示，删除多余线段后，图形无法进行填充操作，因为删除线段后节点是断开的，如图5-101所示，选择"形状工具"连接节点，闭合路径后就可以进行填充操作，如图5-102所示。

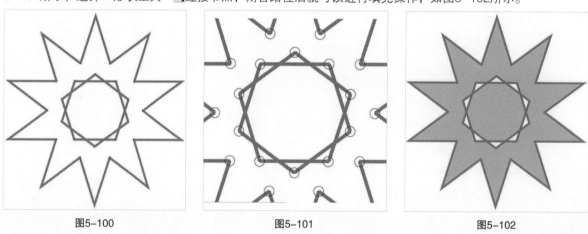

图5-100　　　　　　　　　　　图5-101　　　　　　　　　　　图5-102

 Tips

"虚拟段删除工具"，不能对组合对象、文本、阴影和图像进行操作。

5.10 橡皮擦工具

"橡皮擦工具" 用于擦除位图或矢量图中不需要的部分，文本和有辅助效果的图形需要转曲后才能进行操作。

5.10.1 橡皮擦的使用

导入位图并选中，然后选择"橡皮擦工具" 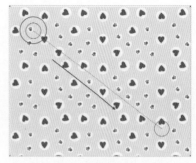，将光标移动到对象内，单击鼠标左键定下开始点，移动光标会出现一条虚线进行预览，如图5-103所示，单击鼠标左键进行直线擦除，将光标移动到对象外也可以进行擦除，如图5-104~图5-106所示。

图5-103

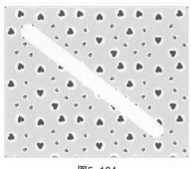

图5-104

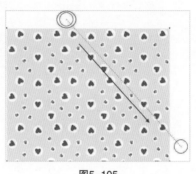

图5-105

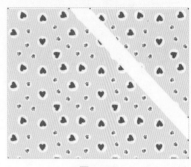

图5-106

长按鼠标左键移动可以进行曲线擦除，如图5-107所示。与"刻刀工具" 不同的是橡皮擦可以在对象内进行擦除。

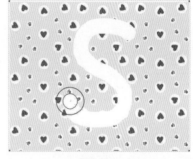

图5-107

📣 Tips

在使用"橡皮擦工具" 时，擦除的对象并没有拆分开，如图5-108所示。

需要进行分开编辑时，执行"对象>拆分位图"菜单命令，如图5-109所示，可以将原来对象拆分成两个独立的对象，方便进行分别编辑，如图5-110所示。

另外，"橡皮擦工具" 和"虚拟段删除工具" 一样，不能对组合对象、文本、阴影和图像进行操作。

图5-108

图5-109

图5-110

5.10.2 参数设置

"橡皮擦工具" 的属性栏如图5-111所示。

图5-111

橡皮擦工具属性栏选项介绍

橡皮擦厚度：在后面的文本框 1.0 mm 中输入数值，可以调节橡皮擦尖头的宽度。

📢 Tips

调节橡皮擦尖头的宽度，除了可以在文本框中输入数值外，还可以通过按住Shift再按住鼠标左键移动来调节。

减少节点：单击激活该按钮，可以减少在擦除过程中节点的数量。

橡皮擦形状：橡皮擦形状有两种，一种是默认的圆形笔尖○，一种是未激活的方形笔尖□。

5.11 造型操作

执行菜单栏"对象>造形>造型"命令，打开"造型"泊坞窗，如图5-112所示，该泊坞窗可以执行"焊接""修剪""相交""简化""移除后面对象""移除前面对象"和"边界"命令对对象进行编辑操作。

分别执行菜单"对象>造形"下的命令也可以进行造型操作，如图5-113所示，菜单栏操作可以将对象一次性进行编辑，下面进行详细介绍。

图5-112

图5-113

5.11.1 焊接

"焊接"命令可以将2个或者多个对象焊接成为一个独立对象。

1.菜单栏焊接操作

全选需要焊接的对象，如图5-114所示，执行"对象>造形>合并"菜单命令，如图5-115所示。在焊接前选中的对象如果颜色不同，在执行该菜单命令后都以最底层的对象为主，如图5-116所示。

图5-114

图5-115

图5-116

疑难问答 ?

问：菜单和泊坞窗中的焊接为什么名称不同？

答：菜单命令里的"合并"和"造型"泊坞窗的"焊接"是同一个，只是名称有变化，菜单命令在于一键操作，泊坞窗中的"焊接"可以进行设置，使焊接更精确。

2.泊坞窗焊接操作

选中一个对象，则该选中的对象为"原始源对象"，而未被选中的对象则为"目标对象"，如图5-117所示；然后在"造型"泊坞窗里选择"焊接"，如图5-118所示，有两个选项可以进行设置，在上方选项预览中可以进行勾选预览，避免出错，如图5-119到图5-122所示。

图5-117

图5-118

图5-119

图5-120

图5-121

图5-122

焊接选项介绍

保留原始源对象：单击选中后可以在焊接后保留源对象。

保留原目标对象：单击选中后可以在焊接后保留目标对象。

Tips

同时勾选"保留原始源对象"和"保留原目标对象"，可以在"焊接"之后保留所有源对象，勾去两个选项，在"焊接"后不保留源对象。

选中上层的"原始源对象"，如图5-123所示，然后在"造型"泊坞窗中选择"焊接"，勾选"保留原始源对象"选项，接着单击"焊接到"按钮，当光标变为 时单击"目标对象"完成焊接，如图5-124和图5-125所示。在实际工作中可以利用"焊接"制作很多复杂图形。

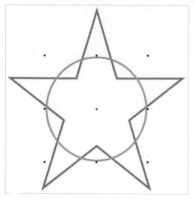

图5-123

图5-124

图5-125

5.11.2 修剪

"修剪"命令可以将一个对象用另外一个或多个对象进行修剪，去掉多余的部分，在修剪时需要确定源对象和目标对象的前后关系。

 Tips

"修剪"命令除了不能修剪文本、度量线之外，其余对象均可以进行修剪，文本对象在转曲后也可以进行修剪操作。

1.菜单栏修剪操作

绘制需要修剪的源对象和目标对象，如图5-126所示，然后将整理好的需要修剪的对象全选，如图5-127所示，再执行"对象>造形>修剪"菜单命令，如图5-128所示，菜单栏修剪会保留源对象，将源对象移开，得到修剪后的图形，如图5-129所示。

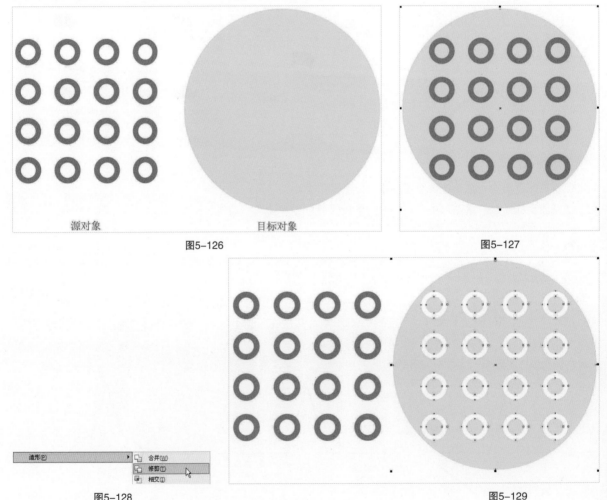

图5-126   图5-127

图5-128   图5-129

 Tips

使用菜单修剪可以一次性进行多个对象的修剪，根据对象的排放顺序，在全选中的情况下，位于最下方的对象为目标对象，上面所有对象均是目标对象的源对象。

2.泊坞窗修剪操作

打开"造型"泊坞窗，在下拉选项中将类型切换为"修剪"，面板上将呈现修剪的选项，如图5-130所示。勾选相应的选项可以保留相应的对象，在预览中可进行预览，如图5-131~图5-134所示。

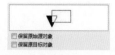

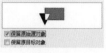

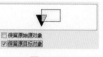

| 图5-130 | 图5-131 | 图5-132 | 图5-133 | 图5-134 |

选中上方的原始源对象，如图5-135所示，然后在"造型"泊坞窗取消勾选的保留选项，接着单击"修剪"按钮，当光标变为 时单击目标对象完成修剪，如图5-136和图5-137所示。

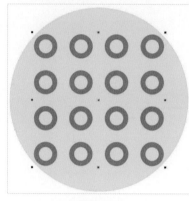

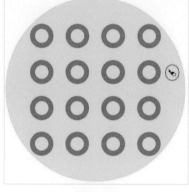

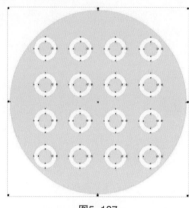

| 图5-135 | 图5-136 | 图5-137 |

Tips

在进行泊坞窗修剪时，可以逐个修剪，也可以使用底层对象修剪上层对象，并且可以保留原对象的设置，比菜单栏修剪更灵活。

即学即用

（扫码观看视频）

● 制作怀旧卡片

实例位置

实例文件 >CH05> 制作怀旧卡片 .cdr

素材位置

素材文件 >CH05> 素材 10.cdr、11.png、12.cdr

视频名称

制作怀旧卡片 .mp4

实用指数

★ ★ ★ ★ ☆

技术掌握

修剪命令的用法

最终效果图

01 新建一个大小为160mm×160mm的文档，然后使用"椭圆形工具" 🔾 在页面中绘制一个圆，并填充颜色为（C: 16, M: 0, Y: 9, K: 0），接着去掉轮廓线，效果如图5-138所示。

02 导入"素材文件>CH05>素材10.cdr"文件，将其拖曳到圆上，如图5-139所示，接着选中圆和花环，执行"对象>造形>修剪"菜单命令，完成后移开花环，效果如图5-140所示。

图5-138

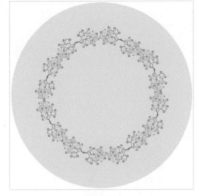

图5-139

图5-140

03 将移开的花环重新拖曳到圆中，如图5-141所示，然后使用"艺术笔工具" ✎ 在花环中绘制文字，并为其填充颜色为（C: 40, M: 0, Y: 100, K: 0）、（C: 71, M: 35, Y: 100, K: 0）、（C: 44, M: 51, Y: 100, K: 0）、（C: 0, M: 0, Y: 0, K: 100）、（C: 45, M: 49, Y: 100, K: 0），如图5-142所示。

04 导入"素材文件>CH05>素材11.png、12.cdr"文件，然后拖曳素材将其放置到合适位置，并调整大小，最终效果如图5-143所示。

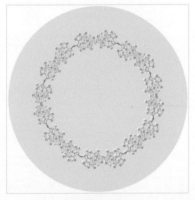

图5-141

图5-142

图5-143

5.11.3 相交

"相交"命令可以在两个或多个对象的重叠区域上创建新的独立对象。

1.菜单栏相交操作

全选需要创建相交区域的对象，如图5-144所示，执行"对象>造型>相交"菜单命令即可，创建好的新对象颜色属性为最底层对象的属性，如图5-145所示。此外，菜单栏相交操作会保留源对象。

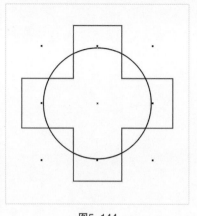

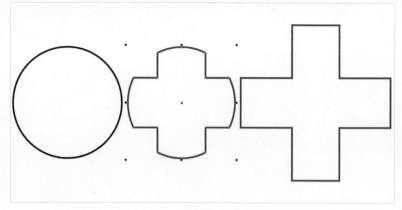

图5-144 图5-145

2.泊坞窗相交操作

打开"造型"泊坞窗，在下拉选项中将类型切换为"相交"，面板上呈现相交的选项，如图5-146所示。勾选相应的选项可以保留相应的对象，在预览中可进行预览，如图5-147~图5-149所示。

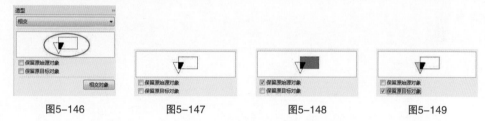

图5-146 图5-147 图5-148 图5-149

选中上方的原始源对象，如图5-150所示，然后在"造型"泊坞窗取消勾选的保留选项，接着单击"相交对象"按钮 相交对象 ，当光标变为 时单击目标对象完成相交，如图5-151和图5-152所示。

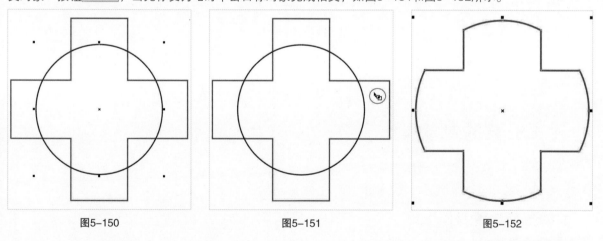

图5-150 图5-151 图5-152

5.11.4 简化

"简化"命令和"修剪"命令相似，都是将相交区域的重合部分进行修剪，不同的是简化不分源对象。

1.菜单栏简化操作

全选需要进行简化的对象，如图5-153所示，执行"对象>造型>简化"菜单命令，如图5-154所示，简化后相交的区域被修剪掉，如图5-155所示。

图5-153　　　　　　　　　　图5-154　　　　　　　　　　图5-155

2.泊坞窗简化操作

打开"造型"泊坞窗，在下拉选项中将类型切换为"简化"，面板上呈现简化的选项，如图5-156所示。简化面板与之前3种不同，没有保留对象的选项，并且在操作上也有不同。

选中两个或多个重叠对象，单击"应用"按钮 应用 完成，将对象移开可以看出在下方的对象有剪切的痕迹，如图5-157所示。

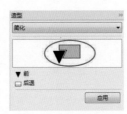

图5-156

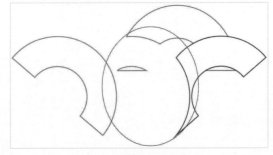

图5-157

🖥️ **疑难问答** ❓

问：为什么"简化"操作选中源对象，应用按钮不激活？

答：在"简化"操作时，需要同时选中2个或多个对象才可以激活"应用"按钮 应用 ，如果选中的对象有阴影、文本、立体模型、艺术笔、轮廓图、调和的效果，在进行简化前需要将对象转曲。

5.11.5 移除对象操作

移除对象操作分为2种，"移除后面对象"和"移除前面对象"，前者用于后面对象减去顶层对象的操作，后者用于前面对象减去底层对象的操作。

1.移除后面对象操作

下面对移除后面对象在菜单栏和泊坞窗的操作分别进行讲解。

（1）菜单操作

选中需要进行移除的对象，并确保最上层为最终保留的对象，如图5-158所示，然后执行"对象>造型>移除后面对象"菜单命令，如图5-159所示。

在执行"移除后面对象"命令时，如果选中的对象中没有与顶层对象重叠，那么在执行该命令后该层对象被删除，有重叠的对象则为修剪顶层的对象，如图5-160所示。

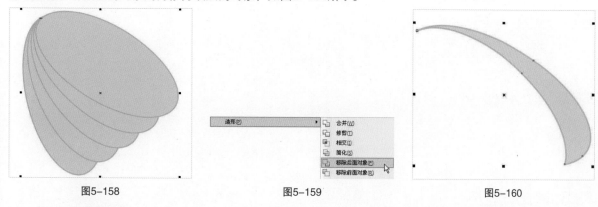

图5-158   图5-159   图5-160

（2）泊坞窗操作

打开"造型"泊坞窗，在下拉选项中将类型切换为"移除后面对象"，如图5-161所示，"移除后面对象"面板与"简化"面板相同，没有保留对象的选项，并且在操作上也相同。选中两个或多个重叠对象，单击"应用"按钮 应用 ，即显示移除后的最顶层对象，如图5-162所示。

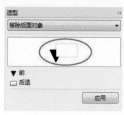

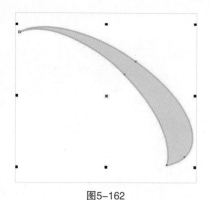

图5-161   图5-162

2.移除前面对象操作

下面对移除前面对象在菜单栏和泊坞窗的操作分别进行讲解。

（1）菜单操作

选中需要进行移除的对象，确保底层为最终保留的对象，如图5-163所示，执行菜单栏"对象>造型>移除后面对象"命令，如图5-164所示，最终保留最底层对象，如图5-165所示。

图5-163   图5-164   图5-165

（2）泊坞窗操作

打开"造型"泊坞窗，在下拉选项中将类型切换为"移除前面对象"，如图5-166所示。选中两个或多个重叠对象，单击"应用"按钮 ，即显示移除后的最底层对象，如图5-167所示。

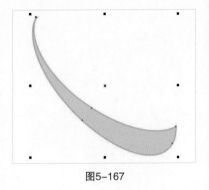

图5-166　　　　　　　　　　　　图5-167

5.11.6 边界

"边界"命令用于将所有选中的对象的轮廓以线描方式显示。

1.菜单边界操作

选中需要进行边界操作的对象，如图5-168所示，执行"对象>造型>边界"菜单命令，如图5-169所示，菜单边界操作会默认在线描轮廓下保留原对象，移开线描轮廓可以看见原对象，如图5-170所示。

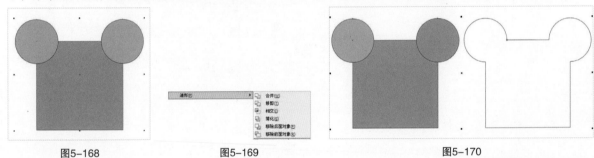

图5-168　　　　　　　　图5-169　　　　　　　　图5-170

2.泊坞窗操作

打开"造型"泊坞窗，在下拉选项中将类型切换为"边界"，如图5-171所示，"边界"面板可以设置相应选项。

图5-171

选中需要创建轮廓的对象，单击"应用"按钮 ，显示所选对象的轮廓，如图5-172所示。

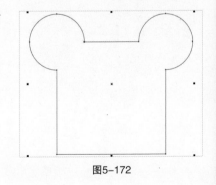

图5-172

边界选项介绍

放到选定对象后面：在保留原对象的时候，勾选该选项后，应用的线描轮廓将位于原对象的后面。

 Tips

在使用"放到选定对象后面"选项时，需要同时勾选"保留原对象"选项，否则不显示原对象，就没有效果。

保留原对象：勾选该选项将保留原对象，线描轮廓位于原对象上面。

不勾选"放到选定对象后面"和"保留原对象"选项时，只显示线描轮廓。

 即学即用

（扫码观看视频）

● 绘制"茶"字

实例位置
实例文件 >CH05> 绘制"茶"字 .cdr
素材位置
素材文件 >CH05> 素材 13.cdr
视频名称
绘制"茶"字 .mp4
实用指数
★★★☆☆
技术掌握
边界命令的用法

最终效果图

01 新建一个A4大小的文档，然后在页面中输入文字"茶"，如图5-173所示。

02 使用"钢笔工具" 绘制轮廓，然后将轮廓线的颜色设置为（C：98，M：58，Y：100，K：38），如图5-174所示，接着选中文字和轮廓对象执行"对象>造型>边界"菜单命令，得到如图5-175所示的轮廓。

图5-173

图5-174

图5-175

03 移除中文"茶"字，然后框选轮廓"茶"字，按Ctrl+G组合键将其组合，再复制一份并填充颜色为（C：99，M：57，Y：100，K：36），最后去掉轮廓线，效果如图5-176所示。

04 导入"素材文件>CH05>素材13.cdr"文件，如图5-177所示，然后复制一份，接着选中空白轮廓"茶"字，再执行"对象>图框精确剪裁>置于图文框内部"菜单命令，将素材置于组合后的轮廓对象中，效果如图5-178所示。

图5-176

图5-177

图5-178

05 将填充颜色后的"茶"字轮廓图拖曳到填充了图案的"茶"字轮廓图上，如图5-179所示，然后选中剩下的一份素材，并按Ctrl+U组合键取消组合对象，接着将茶叶拖曳到轮廓对象周围进行装饰，效果如图5-180所示。

图5-179

图5-180

5.12 课后习题

鉴于本章知识的重要性，在本章末安排3个课后习题供大家练习，以不断加强对本章知识的巩固。

5.12.1 课后习题

● 绘制文字"味道"

实例位置
实例文件 >CH05>绘制文字"味道".cdr
素材位置
素材文件 >CH05> 素材 14.jpg
视频名称
绘制文字"味道".mp4
实用指数

★★★★☆

技术掌握
形状工具的用法

（扫码观看视频）

最终效果图

制作思路如图5-181所示。

新建一个空白文档，然后在页面中输入"黑体"样式的文字"味道"，并将文字转曲，接着使用"形状工具" 进行调整，再为其填充颜色并更改轮廓线的颜色，最后导入素材文件。

图5-181

5.12.2

课后习题

● 绘制卡通狮子

实例位置

实例文件 >CH05> 绘制卡通狮子 .cdr

素材位置

素材文件 >CH05> 素材 15.jpg

视频名称

绘制卡通狮子 .mp4

实用指数

★★★★☆

技术掌握

沾染工具的用法

最终效果图

制作思路如图5-182所示。

首先使用"钢笔工具" 绘制狮子的脑袋，然后绘制一个圆，并使用"沾染工具" 绘制狮子脖子上的毛；接着使用"钢笔工具" 绘制狮子的四肢和尾巴，再按Ctrl+G组合键将所有对象组合，最后导入素材。

图5-182

5.12.3 课后习题

● 制作精美儿童照

实例位置
实例文件 >CH05> 制作精美儿童照 .cdr

素材位置
素材文件 >CH05> 素材 16.cdr、17.jpg、18.cdr

视频名称
制作精美儿童照 .mp4

实用指数
★ ★ ★ ☆ ☆

技术掌握
图框精确剪裁的用法

（扫码观看视频）

最终效果图

制作思路如图5-183所示。

导入所有素材文件，然后选中相片，执行"对象>图框精确剪裁>置于图文框内部"菜单命令，将相片置于素材图框内部，接着导入相框素材。

图5-183

06

图形的填充

本章主要讲解填充工具和滴管工具。填充工具包括无填充、均匀填充、渐变填充、图样填充和底纹填充。通过详细的学习，用户可以利用多种方式为对象填充颜色或图案，使对象表现出更丰富的视觉效果。滴管工具主要用来吸取对象的颜色样式或者属性样式，并且可以将已吸取到的样式应用到其他对象上。

* 均匀填充   * 底纹填充
* 渐变填充   * 颜色滴管工具
* 图样填充   * 属性滴管工具

6.1 编辑填充

双击状态栏上的"编辑填充"图标◆打开"编辑填充"对话框，在该对话框中有"无填充""均匀填充""渐变填充""向量图样填充""位图图样填充""双色图样填充""底纹填充"和"PostScript填充"8种填充方式，如图6-1所示。

图6-1

6.1.1 无填充

选中一个已填充的对象，如图6-2所示，双击"编辑填充"图标◆，在打开的"编辑填充"对话框中选择"无填充"方式，即可观察到对象内的填充内容直接被移除，但轮廓颜色不进行任何改变，如图6-3所示。

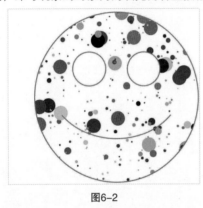 

图6-2   图6-3

在未选中对象的状态下，双击"编辑填充"图标◆，在打开的"编辑填充"对话框中选择"无填充"方式，如图6-4所示，单击"确定"按钮 后会打开"更改文档默认值"对话框，如图6-5所示。勾选相应选项后单击"确定"按钮 即可，也可勾选"不再显示次对话框"选项，避免以后进行相同操作时再次出现。

图6-4   图6-5

6.1.2 均匀填充

使用"均匀填充"方式可以为对象填充单一颜色，也可以在调色板中单击颜色进行填充。"编辑填充"包含"调色板填充""混合器填充"和"模型填充"3种。常用的一般是"调色板填充"和"模型填充"，下面分别进行详细讲解。

1.调色板填充

绘制一个图形并将其选中，如图6-6所示，然后双击"编辑填充"图标 ，在打开的"编辑填充"对话框中选择"均匀填充" ，接着单击"调色板"选项卡，选择想要填充的色样，最后单击"确定"按钮 ，即可为对象填充选定的颜色，如图6-7和图6-8所示。

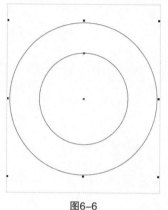

图6-6

图6-7

图6-8

在"均匀填充"对话框中，拖动纵向颜色条上的矩形滑块可以预览其他区域的颜色，如图6-9所示。

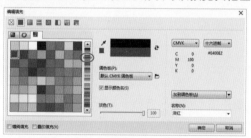

图6-9

调色板选项卡选项介绍

调色板：用于选择调色板，如图6-10所示。

打开调色板 ：用于载入用户自定义的调色板。单击该按钮，打开"打开调色板"对话框，然后选择要载入的调色板，接着单击"打开"按钮 即可载入自定义的调色板。

滴管 ：单击该按钮可以在整个文档窗口内进行颜色取样。

颜色预览窗口：显示对象当前的填充颜色和对话框中新选择的颜色，顶端的色条显示选中对象的填充颜色，底部的色条显示对话框中新选择的颜色，如图6-11所示。

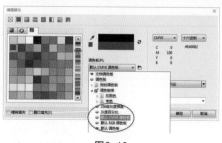

图6-10

图6-11

名称：显示选中调色板中颜色的名称，同时可以在下拉列表中快速选择颜色，如图6-12所示。

加到调色板 加到调色板(A)：将颜色添加到相应的调色板。单击后面的 按钮可以选择系统提供的调色板类型，如图6-13所示。

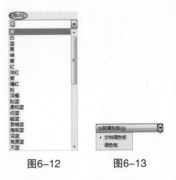

图6-12　　　　图6-13

📢 Tips

在默认情况下，"淡色"选项处于不可用状态，只有在将"调色板"类型设置为专色调色板类型（例如DIC Colors调色板）时，该选项才可用。往左调整淡色滑块，可以减淡颜色，往右调整则可以加深颜色，同时可在颜色预览窗口中查看颜色效果，如图6-14所示。

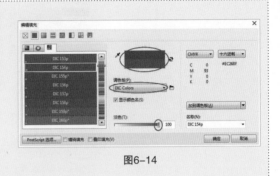

图6-14

2.模型填充

绘制一个图形并将其选中，如图6-15所示，然后双击"编辑填充"图标 ，在打开的"编辑填充"对话框中选择"均匀填充" ；接着单击"模型"选项卡，在颜色选择区域选择色样，最后单击"确定"按钮 确定，如图6-16所示，填充效果如图6-17所示。

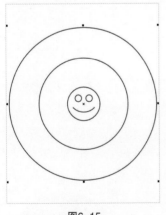

图6-15

图6-16

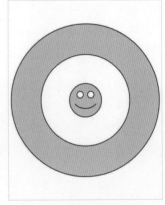

图6-17

模型选项卡选项介绍

选项：单击该按钮，在下拉列表中显示如图6-18所示的选项。

颜色查看器：在"模型"选项卡中，除"HSB-基于色度（默认）(H)"以外的3种设置界面。

图6-18

Tips

在"模型"选项卡中,除了可以在色样上单击为对象选择填充颜色以外,还可以在"组建"中输入所要填充颜色的数值。

6.1.3 渐变填充

使用"渐变填充"方式可以为对象添加两种或两种以上颜色的平滑渐进色彩效果。"渐变填充"方式包括"线性渐变填充""椭圆形渐变填充""圆锥形渐变填充"和"矩形渐变填充"4种类型。应用到设计中可体现物体质感,以及非常丰富的色彩变化,下面进行详细讲解。

1.线性渐变填充

"线性渐变填充"可以用于在两个或多个颜色之间产生直线型的颜色渐变。选中要进行填充的对象,然后双击"编辑填充"图标 ,在打开的"编辑填充"对话框中选择"渐变填充" ,接着在打开的"渐变填充"对话框中设置"类型"为"线性渐变填充",再设置"节点位置"为0%的色标颜色为白色、"节点位置"为100%的色标颜色为红色,最后单击"确定"按钮 确定 ,如图6-19所示,效果如图6-20所示。

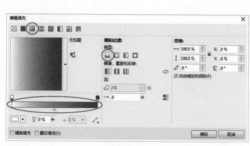
图6-19

图6-20

2.椭圆形渐变填充

"椭圆形渐变填充"可以用于在两个或多个颜色之间产生以同心圆的形式由对象中心向外辐射生成的渐变效果,此填充类型可以很好地体现球体的光线变化和光晕效果。

选中要进行填充的对象,双击"编辑填充"图标 ,然后在"编辑填充"对话框中选择"渐变填充"方式,设置"类型"为"椭圆形渐变填充",再设置"节点位置"为0%的色标颜色为浅紫色、"节点位置"为100%的色标颜色为白色,最后单击"确定"按钮 确定 ,如图6-21所示,效果如图6-22所示。

图6-21

图6-22

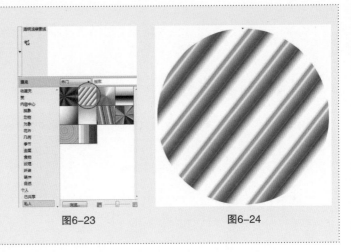
3.圆锥形渐变填充

"圆锥形渐变填充"可以用于两个或多个颜色之间产生的色彩渐变，模拟光线落在圆锥上的视觉效果，使平面图形表现出空间立体感。

选中要进行填充的对象，双击"编辑填充"图标◇，然后在"编辑填充"对话框中选择"渐变填充"方式，设置"类型"为"圆锥形渐变填充"、"镜像、重复和反转"为"重复和镜像"，再设置"节点位置"为0%的色标颜色为黄色、"节点位置"为100%的色标颜色为红色，最后单击"确定"按钮，如图6-25所示，效果如图6-26所示。

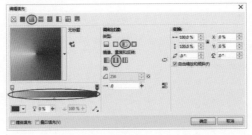

图6-25　　　　图6-26

4.矩形渐变填充

"矩形渐变填充"用于在两个或多个颜色之间，产生以同心方形的形式从对象中心向外扩散的色彩渐变效果。

选中要进行填充的对象，双击"编辑填充"图标◇，然后在"编辑填充"对话框中选择"渐变填充"方式，设置"类型"为"矩形渐变填充"、"镜像、重复和反转"为"默认渐变填充"，再设置"节点位置"为0%的色标颜色为紫色、"节点位置"为100%的色标颜色为白色，最后单击"确定"按钮，如图6-27所示，效果如图6-28所示。

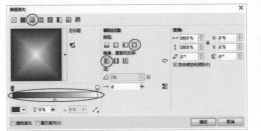

图6-27　　　　图6-28

5.填充的设置

"渐变填充"对话框选项如图6-29所示。

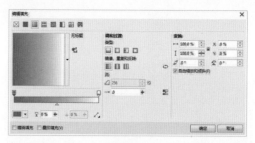

图6-29

渐变填充对话框选项介绍

填充挑选器：单击"填充挑选器"按钮，选择下拉列表中的填充纹样填充对象，效果如图6-30所示。

节点颜色：以两种或多种颜色进行渐变设置，可在频带上双击添加色标，使用鼠标左键单击色标即可在颜色样式中为所选色标选择颜色，如图6-31所示。

节点透明度：指定选定节点的透明度。

节点位置：指定中间节点相对于第一个和最后一个节点的位置。

调和过渡：可以选择填充方式的类型和填充的方法。

图6-30　　　　图6-31

渐变步长：设置各个颜色之间的过渡数值，当数值越大，渐变的层次越多渐变颜色也就越细腻；当数值越小，渐变层次越少渐变就越粗糙。

 Tips

在设置"渐变步长"值时，要先单击该选项后面的按钮 进行解锁，然后才能进行步长值的设置。

加速：指定渐变填充从一个颜色调和到另一个颜色的速度。

变换：用于调整颜色渐变过渡的范围，数值范围为0%~49%，值越小范围越大，值越大范围越小，可以对填充对象的边界进行不同参数设置。

 Tips

"圆锥"填充类型不能进行"变换"的设置。

旋转 ：设置渐变颜色的倾斜角度（在"椭圆形渐变填充"类型中不能设置"角度"选项），设置该选项可以在数值框中输入数值，也可以在预览窗口中按住色标左键拖曳，对填充对象的角度进行不同参数设置后，效果如图6-32所示。

图6-32

● 制作母亲节卡片背景

实例位置

实例文件 >CH06> 制作母亲节卡片背景 .cdr

素材位置

素材文件 >CH06> 素材 01.cdr

视频名称

制作母亲节卡片背景 .mp4

实用指数

★★★ ☆ ☆

技术掌握

渐变填充的用法

最终效果图

01 新建一个大小为200mm×200mm 的文档，然后双击"矩形工具" ☐ 新建 一个和页面大小相同的矩形，并填充颜 色为（C：2，M：9，Y：10，K：0），接 着去掉轮廓线，如图6-33所示。

02 使用"椭圆形工具" ◯ 绘制一个圆，然后双击状态栏上的"编辑填充"图标 ◈，并在打开的"编辑填充"对话框中选择"渐变填充"方式，接着设置"类型" 为"椭圆形渐变填充"，再设置"节点位置"为0%的色标颜色为（C：2，M：9，Y： 10，K：0）、"节点位置"为100%的色标颜色为白色，设置如图6-34所示，最后去 掉圆的轮廓线，效果如图6-35所示。

图6-33

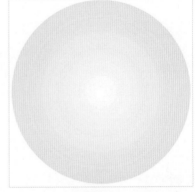

图6-34

图6-35

03 将绘制完成的渐变图案复制多 个，然后调整到不同的大小，接着拖曳 到页面中，如图6-36所示，最后导入 "素材文件>CH06>素材01.cdr"文件， 最终效果如图6-37所示。

图6-36

图6-37

6.1.4 图样填充

CorelDRAW X7提供了预设的多种图案，在"图样填充"对话框中可以直接为对象填充预设的图案，也可用绘制的对象或导入的图像创建图样进行填充。

1.双色图样填充

使用"双色图样填充"，可以为对象填充只有"前部"和"后部"两种颜色的图案样式。

绘制一个心形并将其选中，然后双击"编辑填充"图标◆，在打开的"编辑填充"对话框中选择"双色图样填充"方式▦，并单击"图样填充挑选器"右侧的按钮选择一种图样，接着分别单击"前部"和"后部"的下拉按钮进行颜色选取（这里选择"黄"和"红"），最后单击"确定"按钮，设置如图6-38所示，效果如图6-39所示。

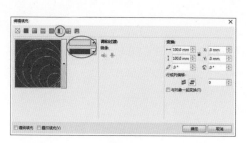

图6-38   图6-39

2.向量图样填充

使用"向量图样填充"，可以把矢量花纹生成为图案样式为对象进行填充，CorelDRAW X7软件中包含多种"向量"填充的图案可供选择；也可以下载和创建图案进行填充。

绘制一个圆形并将其选中，然后双击"编辑填充"图标◆，在打开的"编辑填充"对话框中选择"向量图样填充"方式▦，接着单击"图样填充挑选器"右边的下拉按钮进行图样选择，最后单击"确定"按钮，如图6-40所示，填充效果如图6-41所示。

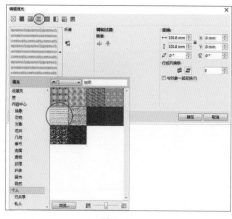

图6-40   图6-41

3.位图图样填充

使用"位图图样填充"，可以选择位图图像为对象进行填充，填充后的图像属性取决于位图的大小、分辨率和深度。

绘制一个图形并将其选中，然后双击"编辑填充"图标 ，在打开的"编辑填充"对话框中选择"位图图样填充"方式 ；接着单击"图样填充挑选器"的下拉按钮选择图样，最后单击"确定"按钮 ，如图6-42所示，效果如图6-43所示。

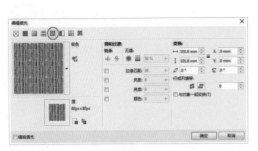

图6-42　　　　　　　　　　　　　　　　图6-43

Tips

注意，在使用位图进行填充时，复杂的位图会占用较多的内存空间，会影响填充速度。

6.1.5　底纹填充

"底纹填充"方式 是用随机生成的纹理来填充对象，使用"底纹填充"可以赋予对象自然的外观。CorelDRAW X7提供了多种底纹样式方便用户选择，每种底纹都可以在"底纹填充"对话框中进行相对应的属性设置。

1.底纹库

绘制一个图形并将其选中，然后双击"编辑填充" ，在打开的"编辑填充"对话框中选择"底纹填充"方式 ；接着单击"样品"右边的下拉按钮选择一个样本，再选择"底纹列表"中的一种底纹，最后单击"确定"按钮 ，如图6-44所示，填充效果如图6-45所示。

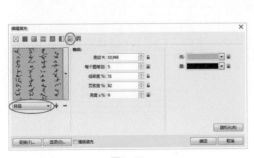

图6-44　　　　　　　　　　　　　　　　图6-45

2.颜色选择器

打开"底纹填充"对话框，在"底纹列表"中选择任意一种底纹类型，然后单击在对话框右侧下拉按钮显示相应的颜色选项，根据用户选择底纹样式的不同，会出现相应的属性选项，如图6-46所示，接着单击任意一个颜色选项后面的按钮，即可打开相应的颜色挑选器，如图6-47所示。

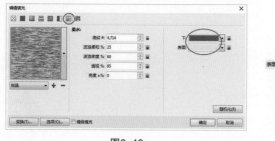

图6-46

图6-47

3.选项

双击"编辑填充"图标 ◇，在打开的"编辑填充"对话框中选择"底纹填充"方式 🔳，然后任意选择一种底纹类型，接着单击下方的"选项"按钮 选项(O)... ，打开"底纹选项"对话框，即可在该对话框中设置"位图分辨率"和"最大平铺宽度"，如图6-48所示。

图6-48

🖥️ **疑难问答** ❓

问：设置"位图分辨率"和"最大平铺宽度"有什么作用？

答：当设置的"位图分辨率"和"最大平铺宽度"的数值越大时，填充的纹理图案就越清晰；当数值越小时填充的纹理图案就越模糊。

4.变换

双击"编辑填充"图标 ◇，在打开的"编辑填充"对话框中选择"底纹填充"方式 🔳，然后任意选择一种底纹类型，接着单击对话框下方的"变换"按钮 变换(T)... ，打开"变换"对话框，即可在该对话框中对所选底纹进行参数设置，如图6-49所示。

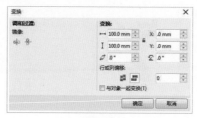

图6-49

● 制作圆形底纹卡通图案

实例位置

实例文件 >CH06> 制作圆形底纹卡通图案 .cdr

素材位置

素材文件 >CH06> 素材 02.cdr

视频名称

制作圆形底纹卡通图案 .mp4

实用指数

★ ★ ★ ★ ☆

技术掌握

底纹填充的用法

最终效果图

01 新建一个大小为200mm×200mm的文档，然后使用"矩形工具"□新建一个大小为98mm×98mm的正方形，接着双击状态栏上的"编辑填充"图标◆，在打开的"编辑填充"对话框中选择"底纹填充"方式▦，并单击"样品"右边的下拉按钮选择"样本8"，再选择"底纹列表"中的一种底纹，最后进行如图6-50所示的设置，取消轮廓线后的效果如图6-51所示。

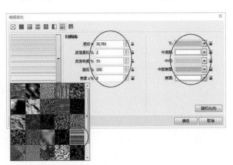
图6-50

图6-51

02 根据步骤1的方法，绘制剩余3个正方形底纹图案，如图6-52所示，然后导入"素材文件>CH06>素材02.cdr"文件，效果如图6-53所示。

图6-52　　　　　　　图6-53

03 双击"矩形工具"□新建一个和页面大小相同的矩形，并填充颜色为（C: 20, M: 0, Y: 20, K: 40），接着去掉轮廓线，最后框选所有对象，按Ctrl+G组合键将对象组合，效果如图6-54所示。

图6-54

04 使用"椭圆形工具" ◎ 绘制如图6-55所示的圆，然后选中组合的图案执行"对象>图框精确裁剪>置于图文框内部"菜单命令，将其置于图案上面的圆中，接着取消轮廓线，最终效果如图6-56所示。

图6-55　　　　　　图6-56

6.2　交互式填充工具

"交互式填充工具" ◈ 包含填充工具组中所有填充工具的功能，利用该工具可以为图形设置各种填充效果，其属性栏选项会随着设置的填充类型而发生变化。

6.2.1　属性栏设置

"交互式填充工具" ◈ 属性栏如图6-57所示。

图6-57

交互式填充工具属性栏选项介绍

填充类型：在对话框上方包含多种填充方式，分别单击图标可切换填充类型，如图6-58所示。

填充色：设置对象中相应节点的填充颜色，如图6-59所示。

复制填充 ◘：将文档中某一对象的填充属性应用到所选对象中。复制对象的填充属性，首先要选中需要复制属性的对象，然后单击该按钮，待光标变为箭头形状➡时，单击想要取样其填充属性的对象，即可将该对象的填充属性应用到选中对象，如图6-60所示。

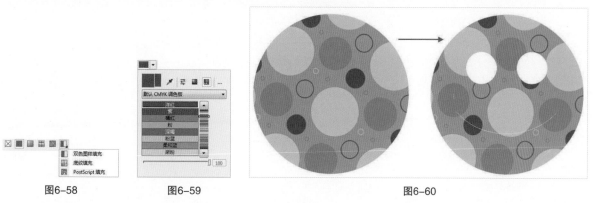

图6-58　　　　图6-59　　　　　　　图6-60

编辑填充 🖾：更改对象当前的填充属性（当选中某一矢量对象时，该按钮才可用），单击该按钮，可以打开相应的填充对话框，在相应的对话框中可以设置新的填充内容为对象进行填充。

📣 Tips

通过对"交互式填充工具" 🔧 的各种填充类型进行填充操作，可以熟练掌握"交互式填充工具" 🔧 的基本使用方法。

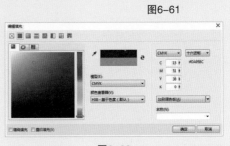

图6-61

"交互式填充工具" 🔧 中的各种填充类型的相关参数，都可以通过单击其属性栏中"编辑填充"图标 🖾，如图6-61所示，在打开的"编辑填充"对话框中进行设置，如图6-62所示。

在"填充类型"选项中，当选择"填充类型"为"无填充"时，属性栏中其余选项不可用。

这里的"编辑填充"与在本章6.1节讲解的"编辑填充"是相同的，所以"交互式填充工具" 🔧 的填充类型这里就不进行讲解了，用户在使用该功能时可以任选一种。

图6-62

6.2.2 基本使用方法

通过对"交互式填充工具" 🔧 的各种填充类型进行填充操作，可以熟练掌握"交互式填充工具" 🔧 的基本使用方法。

1.无填充

选中一个已填充的对象，如图6-63所示，然后选择"交互式填充工具" 🔧；接着在其属性栏中设置"填充类型"为"无填充"，即可移除该对象的填充内容，如图6-64所示。

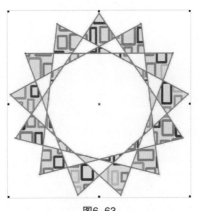

图6-63

图6-64

2.均匀填充

选中要填充的对象，然后选择"交互式填充工具" 🔧，接着在其属性栏中设置"填充类型"为"均匀填充"、"填充色"为"粉蓝"，如图6-65所示，填充效果如图6-66所示。

图6-66

图6-65

Tips

"交互式填充工具" 无法填充和移除对象的轮廓颜色。"均匀填充"最快捷的方法就是通过调色板进行填充。

3.线性填充

选中要填充的对象，然后选择"交互式填充工具" ，接着在其属性栏中选择"渐变填充"为"线性渐变填充"、两端节点的填充颜色均为（C：30，M：0，Y：43，K：0），再使用鼠标左键双击对象上的虚线添加一个节点，最后设置该节点颜色为白色、"节点位置"为50%，如图6-67所示，填充效果如图6-68所示。

图6-67

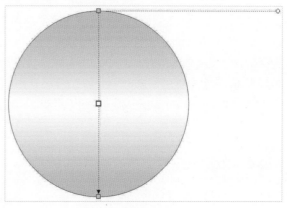

图6-68

 Tips

在使用"交互式填充工具" 时，若要删除添加的节点，可以将光标移动到该节点，待光标变为+形状时，双击鼠标左键，即可删除该节点和该节点填充的颜色（两端的节点无法进行删除）。在接下来的操作中，填充对象两端的颜色挑选器和添加的节点统称为节点。

4.椭圆形填充

选中要填充的对象，然后选择"交互式填充工具" ，接着在其属性栏中设置"渐变填充"为"椭圆形渐变填充"、两个节点颜色分别为（C：30，M：0，Y：43，K：0）和白色，如图6-69所示，填充效果如图6-70所示。

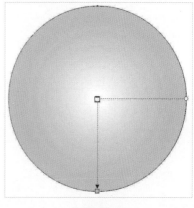

图6-69

图6-70

 Tips

为对象上的节点填充颜色除了可以通过属性栏进行设置外，还可以直接在对象上单击该节点，然后在调色板中单击色样为该节点填充。

5.圆锥填充

选中要填充的对象，然后选择"交互式填充工具" 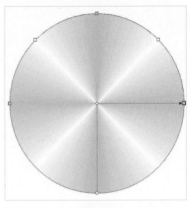，在其属性栏中设置"渐变填充"为"圆锥形渐变填充"、"排列"为"重复和镜像"，如图6-71所示；接着设置两端节点颜色均为（C：30，M：0，Y：43，K：0），再双击对象上的虚线添加3个节点，最后由左到右依次设置"节点位置"为25%的节点填充颜色为白色、"节点位置"为50%的节点填充颜色为（C：30，M：0，Y：30，K：0）、"节点位置"为75%的节点填充颜色为白色，填充效果如图6-72所示。

图6-71

图6-72

> **Tips**
>
> 在渐变填充类型中，所添加节点的"节点位置"除了可以通过属性栏中进行设置外，还可以在填充对象上单击该节点，待光标变为 ╬ 形状时，按住左键拖动，即可更改该节点的位置。

6.正方形填充

选中要填充的对象，然后选择"交互式填充工具" 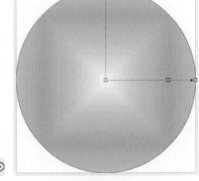，接着在其属性栏中设置"线性填充"为"矩形渐变填充"、两端节点颜色分别为（C：30，M：0，Y：43，K：0）和白色，再双击对象上的虚线添加一个节点，最后设置该节点的"节点位置"为30%、颜色为（C：45，M：0，Y：90，K：0），如图6-73所示，填充效果如图6-74所示。

图6-73

图6-74

当填充类型为"线性渐变填充"和"圆锥形渐变填充"时，设置填充对象的"旋转"，可以单击填充对象上虚线两端的节点，然后按住左键旋转拖曳，即可更改填充对象的"旋转"，如图6-75所示。当填充类型为"矩形渐变填充"时，拖曳虚线框外侧的节点，即可更改填充对象的"旋转"，如图6-76所示。

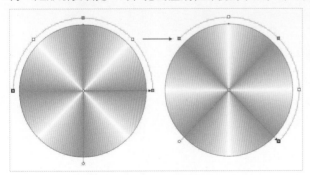

图6-75

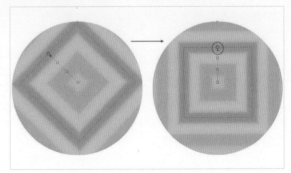

图6-76

Tips

当填充类型为"线性""椭圆形""圆锥形"和"矩形"时，移动光标到填充对象的虚线上，待光标变为十字箭头形状 ✛ 时，按住左键移动，即可更改填充对象的"中心位移"，如图6-77所示；或者移动光标到"节点位置"为0%的节点，待光标变为十字箭头形状 ✛ 时，按住左键移动，即可更改填充对象的"中心位移"，如图6-78所示。

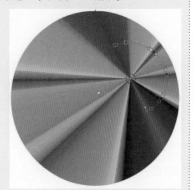

图6-77 图6-78

7.双色图样填充

选中要填充的对象，然后选择"交互式填充工具" ，接着在其属性栏中设置"填充类型"为"双色图样"、"填充图样"为 、"前景色"为（C：21，M：100，Y：49，K：0）、"背景色"为白色，如图6-79所示，填充效果如图6-80所示。

图6-79

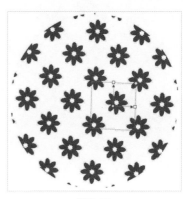

图6-80

8.向量图样填充

选中要填充的对象，然后选择"交互式填充工具" ，接着在其属性栏中设置"填充类型"为"向量图样填充"、"填充图样"为 ，如图6-81所示，填充效果如图6-82所示。

图6-81

图6-82

9.位图图样填充

选中要填充的对象，然后选择"交互式填充工具"，接着在其属性栏中设置"填充类型"为"位图图样填充"、"填充图样"为，如图6-83所示，填充效果如图6-84所示。

图6-83 图6-84

当选择"填充类型"为"双色图样填充""向量图样填充"和"位图图样填充"时，除了可以通过属性栏对填充进行设置外，还可以直接在对象上进行编辑。例如为对象填充图样后，单击虚线上的白色圆点，然后按住鼠标左键拖动，可以等比例的更改填充对象的高度和宽度，如图6-85所示；单击虚线上的节点，然后按住鼠标左键拖曳可以改变填充对象的高度或宽度，使填充图样产生扭曲现象，如图6-86所示。

图6-85 图6-86

10.底纹填充

选中要填充的对象，然后选择"交互式填充工具"，接着在其属性栏中设置"填充类型"为"底纹填充"、"填充图样"为，如图6-87所示，填充效果如图6-88所示。

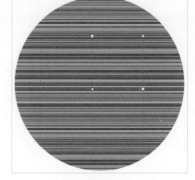

图6-87 图6-88

当选择"填充类型"为"底纹填充"时，单击填充对象上的白色圆点 ·○·，然后按住鼠标左键拖曳，可以更改单元图案的大小和角度，如图6-89所示，如果单击虚线上的节点，按住鼠标左键拖曳，可以使填充底纹产生扭曲现象，如图6-90所示。

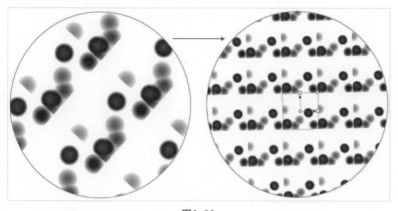

图6-89

图6-90

6.3 滴管工具

滴管工具包括"颜色滴管工具" 🖋 和"属性滴管工具" 🖋 ，它可以复制对象的颜色样式和属性样式，并且可以将复制的颜色或属性应用到其他对象上。

6.3.1 颜色滴管工具

"颜色滴管工具" 🖋 可以在对象上进行颜色取样，然后应用到其他对象上。

1.使用方法

绘制一个图形，然后选择"颜色滴管工具" 🖋 ，接着使用鼠标左键在图形上单击进行取样，如图6-91所示，当光标变为油漆桶形状 🖌 时，移动到需要填充的对象上，此时会出现纯色色块，如图6-92所示，再单击鼠标左键即可填充对象，填充效果如图6-93所示。若要填充对象轮廓颜色，则使用相同的填充方法即可。

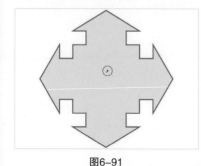

图6-91

图6-92

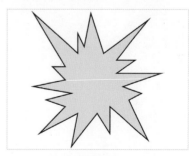

图6-93

2.属性设置

"颜色滴管工具" 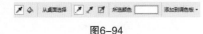 属性栏选项如图6-94所示。

图6-94

颜色滴管工具属性栏选项介绍

选择颜色 ：单击该按钮可以在文档窗口中进行颜色取样。

应用颜色 ：单击该按钮后可以将取样的颜色应用到其他对象。

从桌面选择 从桌面选择 ：单击该按钮后，"颜色滴管工具" 不仅可以在文档窗口内进行颜色取样，还可在对应用程序外进行颜色取样（该按钮必须在"选择颜色" 模式下才可用）。

1×1 ：单击该按钮后，"颜色滴管工具" 可以对1*1像素区域内的平均颜色值进行取样。

2×2 ：单击该按钮后，"颜色滴管工具" 可以对2*2像素区域内的平均颜色值进行取样。

5×5 ：单击该按钮后，"颜色滴管工具" 可以对5*5像素区域内的平均颜色值进行取样。

所选颜色：对取样的颜色进行查看。

添加到调色板 添加到调色板 ：单击该按钮，可将取样的颜色添加到"文档调色板"或"默认CMYK调色板"中，单击该选项右侧的按钮可显示调色板类型。

6.3.2 属性滴管工具

使用"属性滴管工具" ，可以复制对象的属性，并将复制的属性应用到其他对象上。

1.使用方法

选择"属性滴管工具" ，然后在属性栏中分别单击"属性"按钮 属性 、"变换"按钮 变换 和"效果"按钮 效果 ，打开相应的选项，勾选想要复制的属性复选框，接着单击"确定"按钮 确定 添加相应属性，如图6-95、图6-96和图6-97所示，待光标变为滴管形状 时，即可在文档窗口内进行属性取样，取样结束后，光标变为油漆桶形状 ，此时单击想要应用的对象，即可进行属性应用。

图6-95　　　图6-96　　　图6-97

2.属性应用

绘制一个扇形，然后填充图案并旋转一定角度，接着设置该图形的"轮廓宽度"为1mm，如图6-98所示，在图形的右侧绘制一个笑脸，设置其"轮廓宽度"为0.2mm，如图6-99所示。

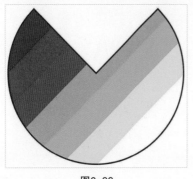

图6-98

图6-99

选择"属性滴管工具" ，然后在"属性"选项中勾选"轮廓"和"填充"的复选框，"变换"选项中勾选"大小"和"旋转"的复选框，如图6-100和图6-101所示，接着分别单击"确定"按钮 添加所选属性，再将光标移动到饼图对象单击鼠标左键进行属性取样，当光标切换至"应用对象属性"图标 时，单击笑脸对象，应用属性后的效果如图6-102所示。

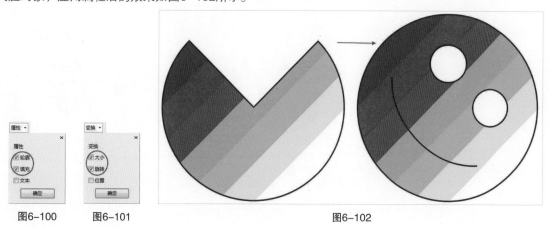

图6-100　　　图6-101　　　　　　　　　　　　　　图6-102

📢 Tips

　　在属性栏中分别单击"效果"按钮、"变换"按钮和"属性"按钮，打开相应的选项列表，在列表中被勾选的选项表示"属性滴管工具" 所能吸取的信息，未被勾选的选项对应的信息将不能被吸取。

6.4　课后习题

　　在本章末安排了两个课后习题供读者练习，这两个习题都是针对本章知识的，希望大家认真练习，总结经验。

6.4.1

课后习题

（扫码观看视频）

● 绘制可爱卡通小熊

实例位置

实例文件 >CH06> 绘制可爱卡通小熊 .cdr

素材位置

素材文件 >CH06> 素材 03.cdr、04.jpg

视频名称

绘制可爱卡通小熊 .mp4

实用指数

★★★★☆

技术掌握

均匀填充

最终效果图

制作思路如图6-103所示。

打开素材文件，然后为小熊身体的不同部位分别填充不同的颜色，接着导入素材。

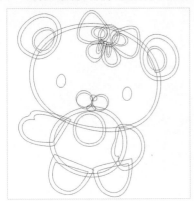

图6-103

6.4.2

课后习题

（扫码观看视频）

● 绘制立体方盒子

实例位置

实例文件 >CH06> 绘制立体方盒子 .cdr

素材位置

无

视频名称

绘制立体方盒子 .mp4

实用指数

★★★★☆

技术掌握

交互式填充工具的用法

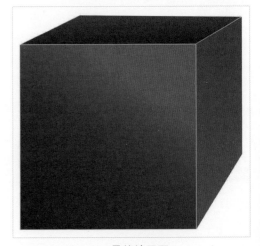

最终效果图

制作思路如图6-104所示。

新建一个空表文档，然后在页面中绘制一个六面体，接着更改其轮廓线颜色，再使用"交互式填充工具"　为六面体的三个面填充渐变颜色，最后选中绘制完成的盒子，按Ctrl+G组合键将其组合。

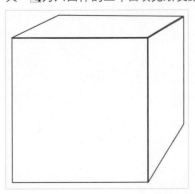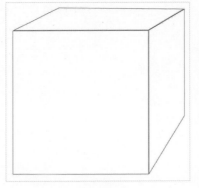

图6-104

轮廓线的操作

本章主要讲解轮廓线的设置和调整，包括对轮廓线的样式、颜色、宽度等属性进行编辑和修改，以及轮廓线属性在对象与对象之间进行复制。同时可以将轮廓线转换为对象进行编辑，从而使图形设计更加丰富灵活，提高设计的水平。

* 轮廓笔对话框
* 轮廓线宽度
* 轮廓线颜色填充

* 轮廓线样式设置
* 轮廓线转换

7.1 轮廓线的简介

在图形设计的过程中，通过编辑修改对象轮廓线的样式、颜色、宽度等属性，可以使图形设计更加丰富灵活，从而提高设计的水平。轮廓线的属性在对象与对象之间可以进行复制，并且可以将轮廓线转换为对象进行编辑。

在软件默认情况下，系统自动为绘制的图形添加轮廓线，并设置颜色为黑色、宽度为0.2mm、线条样式为直线型，用户可以选中对象进行修改。

7.2 轮廓笔对话框

"轮廓笔"用于设置轮廓线的属性，可以设置颜色、宽度、样式、箭头等。

在状态栏下双击"轮廓笔"工具 打开"轮廓笔"对话框，可以在里面更改轮廓线的属性，如图7-1所示。

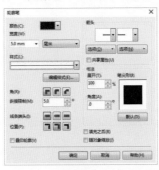

图7-1

轮廓笔对话框选项介绍

颜色：单击 在下拉颜色选项里选择填充的线条颜色，如图7-2所示，可以单击已有的颜色进行填充也可以单击"滴管"按钮 吸取图片上的颜色进行填充。

更多：在颜色选项中如果没有需要的颜色，可以单击"更多"按钮 更多(O)... ，选择更多的颜色。

宽度：在下面的文字框 5.0 mm 中输入数值，或者在下拉选项中进行选择，如图7-3所示，可以在后面的文字框 毫米 的下拉选项中选择单位，如图7-4所示。

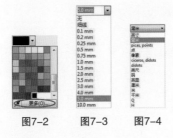

图7-2　　图7-3　　图7-4

样式：单击可以在下拉选项中选择线条样式，如图7-5所示。

编辑样式 编辑样式(E)... ：可以自定义编辑线条样式，在下拉样式中没有需要的样式时，单击"编辑样式"按钮 编辑样式(E)... 可以打开"编辑线条样式"对话框进行编辑，如图7-6所示。

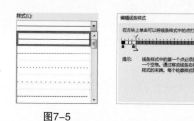

图7-5

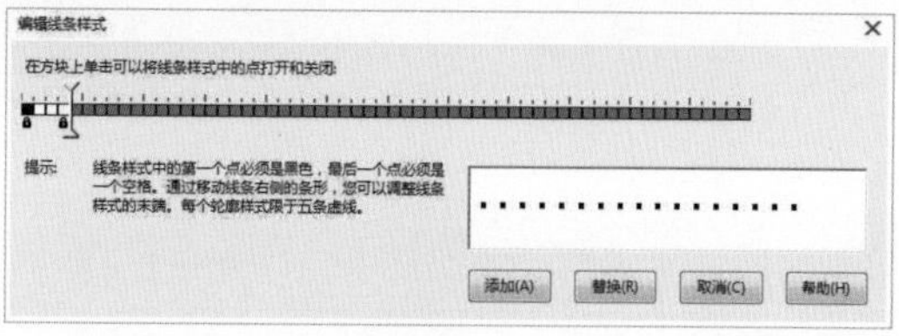

图7-6

斜接限制：用于消除添加轮廓时出现的尖突情况，可以直接在文字框中输入数值进行修改，数值越小越容易出现尖突，正常情况下45度为最佳值，低版本的CorelDRAW中默认的"斜接限制"为45度，高版本的CorelDRAW默认为5度。

角："角"选项用于轮廓线夹角样式的变更，如图7-7所示。

线条端头：用于设置单线条或未闭合路径线段顶端的样式，如图7-8所示。

箭头：在相应方向的下拉样式选项中，可以设置添加左边与右边端点的箭头样式，如图7-9所示。

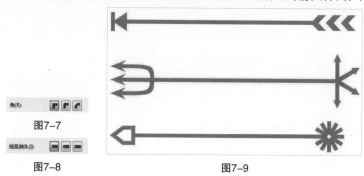

角(R):

图7-7

线条端头(I):

图7-8

图7-9

选项 选项(O) ▾ ：单击选项按钮可以在下拉选项中进行快速操作和编辑设置，左右两个"选项"按钮 选项(O) ▾ 分别控制相应方向的箭头样式，如图7-10所示。

共享属性：单击选中后，会同时应用"箭头属性"中设置的属性。

书法：设置书法效果可以将单一粗细的线条修饰为书法线条，如图7-11~图7-12所示。

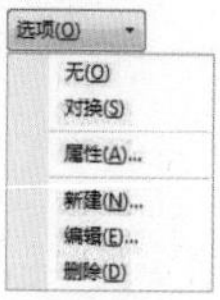

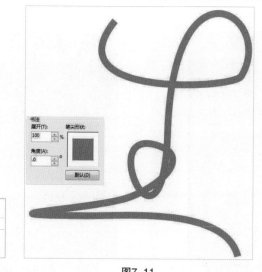

图7-10

图7-11

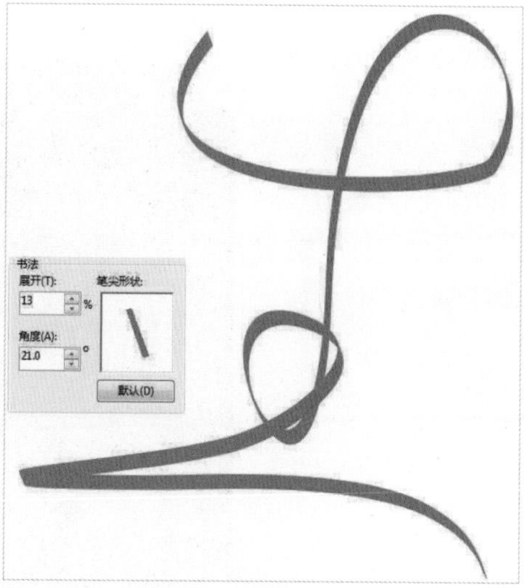

图7-12

展开：在"展开"下方的文字框 中输入数值可以改变笔尖形状的宽度。

角度：在"角度"下方的文字框 中输入数值可以改变笔尖旋转的角度。

笔尖形状：可以用来预览笔尖设置。

默认：单击"默认"按钮，可以将笔尖形状还原为系统默认，"展开"为100%，"角度"为0度，笔尖形状为圆形。

随对象缩放，勾选该选项后，在放大或缩小对象时，轮廓线也会随之进行变化，不勾选该选项轮廓线宽度不变。

7.3 轮廓线宽度

变更对象轮廓线的宽度可以使图像效果更丰富，同时起到增强对象醒目程度的作用。

7.3.1 设置轮廓线宽

设置轮廓线宽度的方法有2种。

第1种，选中对象，在属性栏上"轮廓宽度" 后面的文字框中输入数值进行修改，或在下拉选项中进行修改，如图7-13所示，数值越大轮廓线越宽，如图7-14所示。

第2种，选中对象，按F12键，可以快速打开"轮廓线"对话框，在对话框的"宽度"选项中输入数值改变轮廓线宽度。

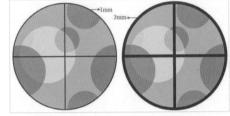

图7-13   图7-14

7.3.2 清除轮廓线

在绘制图形时，系统会默认图形轮廓线的宽度为0.2mm、颜色为黑色，可以通过相关操作将轮廓线去掉。

去掉轮廓线的方法有3种。

第1种，选中对象，在默认调色板中单击鼠标右键选择"无填充"将轮廓线去掉，如图7-15所示。

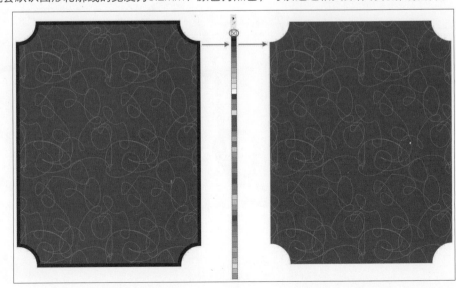

图7-15

第2种，选中对象，单击属性栏"轮廓宽度"🖊的下拉选项，选择"无"将轮廓线去掉，如图7-16所示。

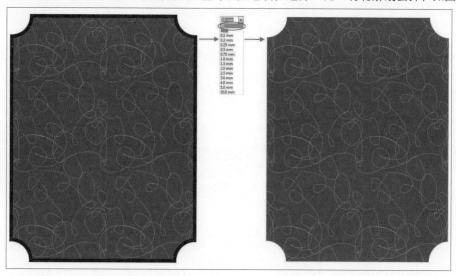

图7-16

第3种，选中对象，在状态栏中双击"轮廓笔工具"🖊打开"轮廓笔"对话框，在对话框中"宽度"的下拉选项中选择"无"去掉轮廓线。

即学即用	● 绘制帆船	
	实例位置	
	实例文件 >CH07> 绘制帆船 .cdr	
	素材位置	
	无	
	视频名称	
	绘制帆船 .mp4	
	实用指数	
	★★★★☆	
	技术掌握	
（扫码观看视频）	轮廓线宽度的用法	最终效果图

01 新建一个大小为290mm×290mm的空白文档，然后使用"钢笔工具"🖊绘制船体轮廓，如图7-17所示，接着填充颜色为（C：0，M：100，Y：60，K：0），再设置"轮廓宽度"为1.5mm，效果如图7-18所示。

图7-17

图7-18

02 使用"钢笔工具" 🖊 在船体上绘制线条，如图7-19所示，然后在属性栏中设置第一条线条的"轮廓宽度"为2.5mm，如图7-20所示。

图7-19

图7-20

03 使用"钢笔工具" 🖊 在船体上绘制对象，然后填充颜色为（C: 60, M: 0, Y: 40, K: 20），如图7-21所示，接着按住Shift键使用"椭圆形工具" ○ 在船体上绘制一个圆，填充颜色为（C: 60, M: 0, Y: 40, K: 20），最后设置"轮廓宽度"为1mm，效果如图7-22所示。

图7-21

图7-22

04 将圆选中后复制3份，然后将其缩小到合适大小并拖曳到合适位置，接着从左到右依次设置3个圆的"轮廓宽度"为0.25mm、0.5mm和0.75mm，效果如图7-23所示。

05 选中3个圆复制一份，然后单击属性栏中的"水平镜像"按钮 🔄，将其水平镜像拖曳到合适的位置，接着在船舷沿儿上绘制多个90%黑色的圆，效果如图7-24所示；再使用"矩形工具" □ 在船体上绘制3个竖条状的矩形作为船的桅杆，设置"轮廓宽度"为0.75mm，最后为前两个桅杆填充颜色为（C: 0, M: 0, Y: 0, K: 50），效果如图7-25所示。

图7-23

图7-24

图7-25

06 使用"钢笔工具"在最右边的桅杆上绘制船帆，然后填充颜色为（C: 49, M: 4, Y, 44: K: 0），再设置"轮廓宽度"为0.75mm，效果如图7-26所示。

07 继续使用"钢笔工具"在最左边的桅杆上绘制船帆，然后为最上面一只船帆填充颜色为（C: 71, M: 4, Y: 45, K: 0），为下面两个船帆填充颜色为（C: 58, M: 4, Y: 44, K: 0），接着设置这三只船帆的"轮廓宽度"为1mm，效果如图7-27所示。

08 继续使用"钢笔工具"在中间的桅杆上绘制船帆，然后为船帆填充颜色为（C: 71, M: 4, Y: 45, K: 0），再设置"轮廓宽度"为1mm，效果如图7-28所示。

图7-26

图7-27

图7-28

09 使用"椭圆形工具" ⊙ 在中间桅杆下方的船帆上绘制一个圆，然后填充白色，并去掉轮廓线；接着使用"基本形状工具" ⊡ 在圆上绘制一个桃心，再填充颜色为(C：0, M：100, Y：100, K：0)，最后设置"轮廓宽度"为1mm，效果如图7-29所示。

图7-29

10 使用"钢笔工具"在桅杆上方绘制3条短线段，然后设置中间线段的"轮廓宽度"为2mm，两边线段"轮廓宽度"为1mm，效果如图7-30所示；接着使用"钢笔工具"绘制旗帜，再填充颜色为(C：0, M：100, Y：100, K：0)，设置"轮廓宽度"为1mm，最后将绘制好的旗帜拖曳到页面中合适的位置，效果如图7-31所示。

图7-30

图7-31

11 使用"钢笔工具"在船帆后面绘制线条，然后设置所有的线条"轮廓宽度"为1mm，如图7-32所示，继续使用"钢笔工具"在船帆后面绘制线条，设置所绘线条的"轮廓宽度"为0.4mm，效果如图7-33所示。

图7-32

图7-33

12 使用"钢笔工具"在船的左边绘制两只船帆，然后填充颜色为(C：71, M：4, Y：45, K：0)，设置"轮廓宽度"为1mm，效果如图7-34所示；接着双击"矩形工具" ⊡ 绘制一个与页面大小相同的矩形，填充颜色为(C：33, M：4, Y：44, K：0)，并去掉轮廓线，最后将绘制完成的帆船拖曳到矩形中，最终效果如图7-35所示。

图7-34

图7-35

7.4 轮廓线颜色

设置轮廓线颜色的方法有4种。

第1种，选中对象，在软件界面右侧的默认调色板中单击鼠标右键进行设置。默认情况下，单击鼠标左键为填充对象颜色、单击鼠标右键为填充轮廓线颜色，在操作时可以利用调色板进行快速填充，如图7-36所示。

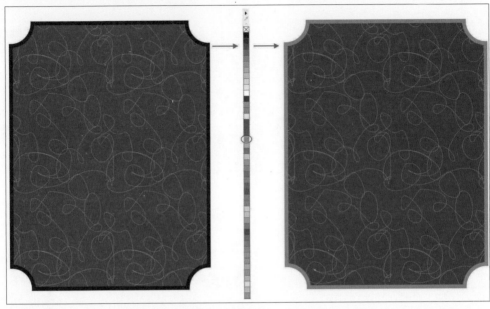

图7-36

第2种，选中对象，在状态栏中双击轮廓线颜色进行变更，如图7-37所示，在打开的"轮廓线"对话框中进行修改，如图7-38所示。

图7-37

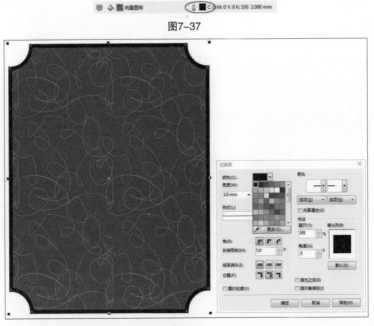

图7-38

第3种，选中对象，执行"窗口>泊坞窗>彩色"菜单命令，打开"颜色泊坞窗"面板，如图7-39所示，单击选取颜色或输入数值，完成后单击"轮廓"按钮 轮廓(O) 进行填充，如图7-40所示。

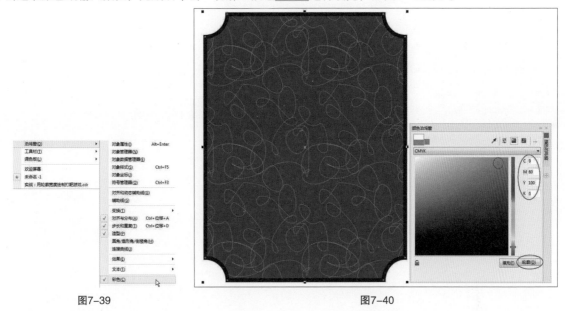

图7-39   图7-40

第4种，选中对象，双击状态栏中的"轮廓笔工具" ⬚，打开"轮廓笔"对话框，在对话框"颜色"一栏选择颜色或输入数值进行填充。

7.5 轮廓线样式

设置轮廓线的样式可以使图形更加美观，同时起到醒目和提示作用。

选中对象后，双击状态栏中的"轮廓笔工具" ⬚，打开"轮廓笔"对话框，在对话框中的"样式"下面选择相应的样式进行修改，如图7-41所示。

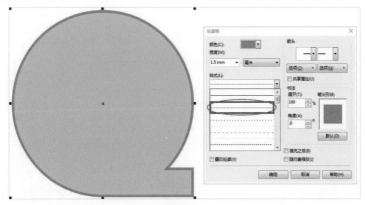

图7-41

Tips

在样式选项中如果没有需要的样式，可以在下面单击"编辑样式"按钮 编辑样式(E)... ，打开"编辑线条样式"对话框进行编辑。

7.6 轮廓线转对象

在CorelDRAW X7软件中，针对轮廓线只能进行宽度调整、颜色均匀填充、样式变更等操作，如果要为轮廓线填充渐变色、添加纹样和其他效果，就需要将轮廓线转换为对象。

选中要进行编辑的轮廓，如图7-42所示，执行"对象>将轮廓转换为对象"菜单命令，如图7-43所示，将轮廓线转换为对象后进行编辑。

图7-42 图7-43

转为对象后，可以进行形状修改、渐变填充、图案填充等效果的操作，如图7-44到图7-46所示。

图7-44

图7-45

图7-46

即学即用

● 制作立体轮廓文字

实例位置
实例文件 >CH07> 制作立体轮廓文字 o.cdr
素材位置
素材文件 >CH07> 素材 01.cdr
视频名称
制作立体轮廓文字 .mp4
实用指数
★ ★ ★ ★ ☆
技术掌握
轮廓线转对象

（扫码观看视频）

最终效果图

01 新建一个大小为255mm×145mm的的空表文档，然后打开"素材文件>CH07>01.cdr"文件，如图7-47所示，接着选中文字，设置"轮廓宽度"为4mm、轮廓线颜色为（C：0，M：60，Y：100，K：0），如图7-48所示。

图7-47 图7-48

02 选中文字执行"对象>将轮廓线转换为对象"菜单命令,将轮廓线转为对象,然后将轮廓对象拖曳到一边备用,接着设置文字"轮廓宽度"为3mm、轮廓线颜色为(C: 0, M: 11, Y: 78, K: 0),如图7-49所示;再执行"对象>将轮廓线转换为对象"菜单命令,将轮廓线转为对象,最后将轮廓对象拖曳到最宽的轮廓线上面,如图7-50所示。

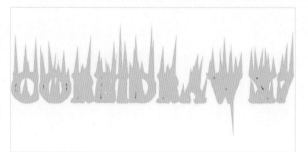

图7-49 图7-50

03 选中文字,然后设置"轮廓宽度"为1mm、轮廓线颜色为绿色,如图7-51所示;接着执行"对象>将轮廓线转换为对象"菜单命令,将轮廓线转为对象,最后将轮廓对象拖曳到一边,如图7-52所示。

图7-51 图7-52

04 选中最细的轮廓线对象,然后双击状态栏上的"编辑填充"按钮 ◇ 打开"编辑填充"对话框,接着在该对话框中选择"渐变填充"方式,设置"类型"为"线性渐变填充"、"镜像、重复和反转"为"默认渐变填充",再设置"节点位置"为0%的色标颜色为(C: 60, M: 0, Y: 20, K: 0)、"位置"为25%的色标颜色为(C: 40, M: 25, Y: 6, K: 0)、"位置"为50%的色标颜色为(C: 51, M: 5, Y: 21, K: 0)、"位置"为75%的色标颜色为(C: 22, M: 37, Y: 59, K: 0)、"位置"为100%的色标颜色为(C: 7, M: 0, Y: 76, K: 0),"填充宽度"为103%、"填充高度"为97%、"水平偏移"为-1%、"垂直偏移"为-8.8%、"倾斜"为19.6度、"旋转"为18.8度,并勾选"缠绕填充"选项,接着单击"确定"按钮 确定 完成填充,设置如图7-53所示,效果如图7-54所示。

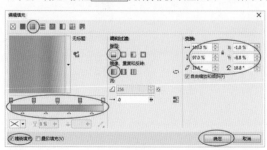

图7-53 图7-54

05 将渐变轮廓对象拖曳到较宽的轮廓线上面，如图7-55所示，然后将原文字填充颜色为（C：0，M：0，Y：40，K：0），并设置"轮廓宽度"为"细线"、轮廓颜色为（C：0，M：60，Y：100，K：0），接着将其拖曳到渐变轮廓上面，效果如图7-56所示。

图7-55

图7-56

06 双击"矩形工具"新建一个和页面大小相同的矩形，然后双击状态栏上的"编辑填充"按钮打开"编辑填充"对话框，在该对话框中选择"渐变填充"方式，设置"类型"为"椭圆形渐变填充"、"镜像、重复和反转"为"默认渐变填充"，再设置"节点位置"为0%的色标颜色为（C：40，M：0，Y：100，K：0）、"位置"为100%的色标颜色为白色，设置如图7-57所示，效果如图7-58所示。

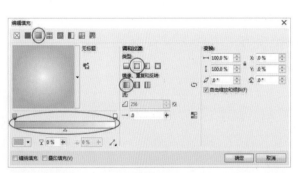

图7-57

图7-58

07 将绘制完成的立体轮廓文字拖曳到渐变背景中间，最终效果如图7-59所示。

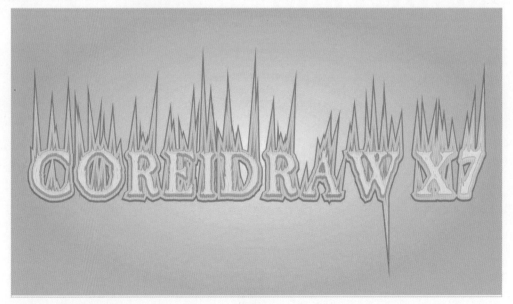

图7-59

7.7 课后习题

针对本章知识的重要性，在本章末准备了两个课后习题供读者练习，以达到总结经验，不断提高自身能力的效果。

7.7.1

课后习题

（扫码观看视频）

● 制作城市剪影图标

实例位置

实例文件 >CH07> 制作城市剪影图标 .cdr

素材位置

素材文件 >CH07> 素材 02.cdr、03.cdr

视频名称

制作城市剪影图标 .mp4

实用指数

★ ★ ★ ★ ☆

技术掌握

轮廓线宽度和样式的运用

最终效果图

制作思路如图7-60所示。

打开素材，然后围绕素材绘制线段，并更改线段的颜色和样式，接着在图像下方输入文字进行调整，再在文字下方绘制横线，最后再次导入素材。

图7-60

● 绘制棒球帽

实例位置

实例文件 >CH07> 绘制棒球帽 .cdr

素材位置

素材文件 >CH07> 素材 04.cdr

视频名称

绘制棒球帽 .mp4

实用指数

★★★★☆

技术掌握

轮廓线样式

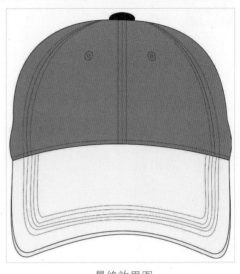

最终效果图

制作思路如图7-61所示。

打开素材文件，然后使用"钢笔工具" ◭绘制线条，接着更改线条样式。

  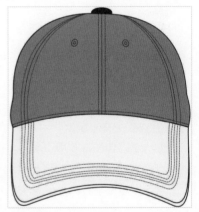

图7-61

CHAPTER

08

图像的效果操作

本章讲解的是图像的效果操作，效果是图像编辑中经常运用的功能，它不仅可以调和对象之间的融合性，还可以为对象添加各种特殊效果。常用且重要的工具有阴影工具、轮廓图工具、调和工具、变形工具、封套工具、立体化工具和透明度工具和透视工具等。

* 阴影效果
* 轮廓图效果
* 调和效果
* 变形效果

* 封套效果
* 立体化效果
* 透明效果
* 透视效果

8.1 阴影效果

阴影效果是绘制图形时必不可少的，使用阴影效果可以使对象产生光线照射、立体的视觉感。

CorelDRAW X7为用户提供创建阴影的工具可以模拟各种光线的照射效果，也可以对多种对象添加阴影，包括位图、矢量图、美工文字、段落文本等。

8.1.1 创建阴影效果

"阴影工具" □ 用于为平面对象创建不同角度的阴影效果，通过属性栏上的参数设置可以使效果更自然。

1.中心创建

选择"阴影工具" □，然后将光标移动到对象中心位置，接着按住左键进行拖曳，会出现可进行预览的蓝色实线，如图8-1所示，松开左键即生成阴影，最后调整阴影方向线上的滑块设置阴影的不透明度，如图8-2所示。

图8-1

图8-2

在拖动阴影效果时，"白色方块"表示阴影的起始位置；"黑色方块"表示拖动阴影的终止位置，在创建阴影后移动"黑色方块"可以更改阴影的位置和角度，如图8-3所示。

图8-3

2.底端创建

选择"阴影工具" □，然后将光标移动到对象底端中间位置，接着按住左键进行拖曳，会出现可进行预览的蓝色实线，如图8-4所示，松开左键即生成阴影，最后调整阴影方向线上的滑块设置阴影的不透明度，如图8-5所示。

图8-4

图8-5

当创建底部阴影时，阴影倾斜的角度决定字体的倾斜角度，给观者的视觉感受也不同，如图8-6所示。

图8-6

3.顶端创建

选择"阴影工具" □，然后将光标移动到对象顶端中间位置，接着按住左键进行拖曳，会出现可进行预览的蓝色实线，如图8-7所示，松开左键即生成阴影，最后调整阴影方向线上的滑块设置阴影的不透明度，如图8-8所示。

图8-7

图8-8

顶端阴影给人以对象斜靠在墙上的视觉感受，在设计中用于组合式创意字体比较多。

4.左边创建

选择"阴影工具"，然后将光标移动到对象左边中间位置，接着按住左键进行拖曳，会出现可进行预览的蓝色实线，松开左键即生成阴影，最后调整阴影方向线上的滑块设置阴影的不透明度，如图8-9所示。

图8-9

5.右边创建

右边创建阴影和左边创建阴影步骤相同，如图8-10所示。左右边阴影效果在设计中多运用于产品的包装设计。

图8-10

8.1.2 阴影参数设置

"阴影工具"的属性栏设置如图8-11所示。

图8-11

阴影工具属性栏选项介绍

阴影偏移：在x轴和y轴后面的文本框输入数值，设置阴影与对象之间的偏移距离，正数为向上向右偏移，负数为向下向左偏移。"阴影偏移"在创建无角度阴影时才会被激活。

阴影角度 40 ：在后面的文本框输入数值，设置阴影与对象之间的角度。该设置只在创建角度透视阴影时激活。

阴影的不透明度 22 ：在后面的文本框输入数值，设置阴影的不透明度。值越大颜色越深；值越小颜色越浅。

阴影羽化 2 ：在后面的文本框输入数值，设置阴影的羽化程度。

羽化方向：单击该按钮在打开的选项中，选择羽化的方向，包括"向内""中间""向外""平均"4种方式。

向内：单击该选项，阴影从内部开始计算羽化值。

中间：单击该选项，阴影从中间开始计算羽化值。

向外：单击该选项，阴影从外部开始计算羽化值，形成的阴影比较柔和而且较宽。

平均：单击该选项，阴影以平均状态介于内外之间进行计算羽化值，是系统默认的羽化方式。

羽化边缘：单击该按钮在打开的选项中，选择羽化的边缘类型，包括"线性""方形的""反白方形""平面"4种方式。

线性：单击该选项，阴影从边缘开始进行羽化。

方形的：单击该选项，阴影从边缘外进行羽化。

反白方形：单击该选项，阴影以边缘开始向外突出羽化。

平面：单击该选项，阴影以平面方式进行羽化。

阴影淡出：用于设置阴影边缘向外淡出的程度。在后面的文本框输入数值，最大值为100，最小值为0，值越大向外淡出的效果越明显。

阴影延展：用于设置阴影的长度。在后面的文本框输入数值，数值越大阴影的延伸越长。

透明度操作：用于设置阴影和覆盖对象的颜色混合模式。可在下拉选项中选择进行设置。

阴影颜色：用于设置阴影的颜色，在后面的下拉选项中选取颜色进行填充，填充的颜色会在阴影方向线的终端显示。

8.1.3 阴影操作

通过属性栏和菜单栏的相关参数选项来进行阴影的操作。

1.添加真实投影

选中文字，然后使用"阴影工具"创建阴影，如图8-12所示，接着在其属性栏设置"阴影角度"为40、"阴影延展"为50、"阴影淡出"为70、"阴影的不透明度"为60、"阴影羽化"为5、"透明度操作"为"如果更暗"、"阴影颜色"为（C：0，M：0，Y：0，K：100），如图8-13所示，调整后的效果如图8-14所示。

图8-12

图8-14

图8-13

2.复制阴影效果

选中未添加阴影效果的文字，然后在属性栏单击"复制阴影效果属性"图标，如图8-15所示，当光标变为黑色箭头时，单击目标对象的阴影，如图8-16所示，即可复制该阴影属性到所选对象，如图8-17所示。

图8-15

图8-16   图8-17

3.拆分阴影效果

选中对象的阴影，单击右键在打开的菜单中选择"拆分阴影群组"命令，如图8-18所示，即可将阴影选中进行移动和编辑，如图8-19所示。

图8-18

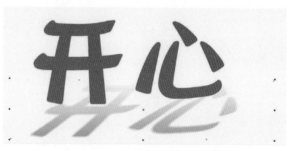

图8-19

最终效果图

● 为"梅兰竹菊"添加阴影效果

（扫码观看视频）

实例位置	素材位置
实例文件 >CH08> 为"梅兰竹菊"添加阴影效果 .cdr	素材文件 >CH08> 素材 01.cdr

视频名称	实用指数	技术掌握
为"梅兰竹菊"添加阴影效果 .mp4	★ ★ ★ ☆ ☆	阴影的用法

01 打开"素材文件>CH08>素材01.cdr"文件，如图8-20所示，然后双击"矩形工具"⬚创建与页面大小相同的矩形，并填充颜色为为（C：20，M：0，Y：20，K：0），接着去掉轮廓线，再选中矩形单击鼠标右键，最后在打开的菜单中选择"锁定对象"命令，锁定矩形使之固定在当前位置，如图8-21所示。

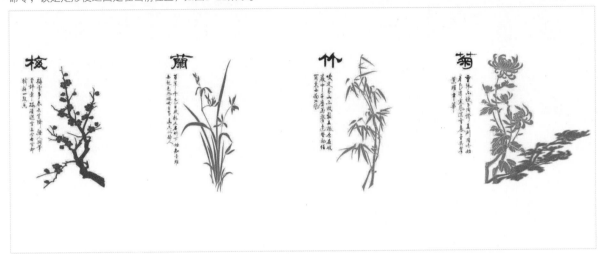

图8-20

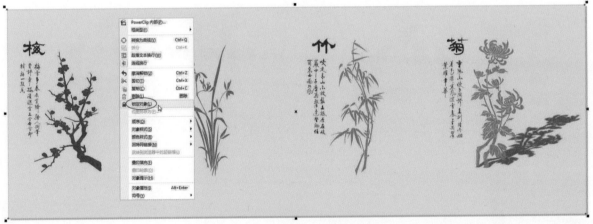

图8-21

02 使用"阴影工具"⬚选中兰花，接着将光标移动到兰花底端，按住鼠标向右上方进行拖曳，会出现可进行预览的蓝色实线，如图8-22所示，松开鼠标生成阴影，如图8-23所示。

图8-22

图8-23

03 保持兰花的选中，然后在"阴影工具"  属性栏中设置"角度"为35、"阴影的不透明度"为60、"阴影羽化"为3、"羽化方向"为"向外"、"羽化边缘"为"线性"、"阴影颜色"为（C: 64, M: 91, Y: 100, K: 59）、"合并模式"为"乘"，设置如图8-24所示，效果如图8-25所示。

04 使用相同的方法为兰花左边的竖排文字添加阴影，然后在"阴影工具"  属性栏中设置"角度"为90、"阴影的不透明度"为40、"阴影羽化"为3、"羽化方向"为"向外"、"羽化边缘"为"线性"、"阴影颜色"为（C: 64, M: 91, Y: 100, K: 59）、"合并模式"为"乘"，设置如图8-26所示，效果如图8-27所示。

图8-24

图8-26

图8-25

图8-27

05 使用相同的方法为"兰"字添加阴影，然后在"阴影工具"  属性栏中设置"角度"为15、"阴影的不透明度"为50、"阴影羽化"为3、"羽化方向"为"向外"、"羽化边缘"为"线性"、"阴影颜色"为（C: 64, M: 91, Y: 100, K: 59）、"合并模式"为"乘"，设置如图8-28所示，效果如图8-29所示。

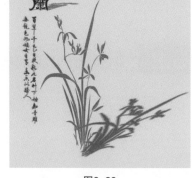

图8-28

图8-29

06 使用"阴影工具"  选中梅花，接着在其属性栏中单击"复制阴影效果属性"图标，待光标变为黑色箭头时，在兰花的阴影上单击，如图8-30所示，松开鼠标梅花生成阴影，效果如图8-31所示。

图8-30

图8-31

07 继续使用"复制阴影效果属性"图标 为梅花左边的竖排文字和"梅"字添加阴影效果，效果如图8-32所示，然后使用相同的方法为剩下的翠竹、菊花及其旁边的文字添加阴影效果，最终效果如图8-33所示。

图8-32

图8-33

8.2 轮廓图效果

轮廓图效果是指通过使用"轮廓图工具" 拖曳对象为其创建一系列渐进到对象内部或外部的同心线。创建轮廓图效果可以在属性栏进行设置，使轮廓图效果更加精确美观。

创建轮廓图的对象可以是封闭路径也可以是开放路径，还可以是文本对象。

8.2.1 创建轮廓图

在CorelDRAW X7中提供的轮廓图效果主要有3种："到中心"、"内部轮廓"和"外部轮廓"。

1.创建中心轮廓图

绘制一个星形，然后选择"轮廓图工具" ，接着单击属性栏中的"到中心"图标 ，则自动生成到中心依次渐变的层次效果，如图8-34所示。在创建"到中心"轮廓图效果时，可以在属性栏设置数量和距离。

图8-34

2.创建内部轮廓图

创建内部轮廓图的方法有2种。

第1种，选中星形，然后使用"轮廓图工具"，在星形轮廓处按住左键向内拖动，如图8-35所示，松开左键完成创建。

第2种，选中星形，然后选择"轮廓图工具"，接着单击属性栏中的"内部轮廓"图标，则自动生成内部轮廓图效果，如图8-36所示。

图8-35

图8-36

3.创建外部轮廓图

创建外部轮廓图的方法有2种。

第1种，选中星形，然后使用"轮廓图工具"，在星形轮廓处按住左键向外拖动，如图8-37所示。松开左键完成创建。

第2种，选中星形，然后选择"轮廓图工具"，接着单击属性栏中的"外部轮廓"图标，则自动生成外部轮廓图效果，如图8-38所示。

图8-37

图8-38

> **Tips**
>
> 轮廓图效果除了手动拖曳和在属性栏单击创建之外，还可以在"轮廓图"泊坞窗进行单击创建。

8.2.2 轮廓图参数设置

在创建好轮廓图后，可以在属性栏中进行轮廓图参数设置，也可以执行"效果>轮廓图"菜单命令，在打开的"轮廓图"泊坞窗进行参数设置。

"轮廓图工具"的属性栏设置如图8-39所示。

图8-39

轮廓图工具属性栏选项介绍

预设列表：系统提供的预设轮廓图样式，可以在下拉列表选择预设选项。

到中心：单击该按钮，创建从对象边缘向中心放射状的轮廓图。创建后无法通过"轮廓图步长"进行设置，可以利用"轮廓图偏移"进行自动调节，偏移越大层次越少，偏移越小层次越多。

内部轮廓▣：单击该按钮，创建从对象边缘向内部放射状的轮廓图。创建后可以通过"轮廓图步长"设置轮廓图的层次数。

外部轮廓▣：单击该按钮，创建从对象边缘向外部放射状的轮廓图。创建后可以通过"轮廓图步长"设置轮廓图的层次数。

轮廓图步长▣：在后面的文本框输入数值来调整轮廓图的数量。

轮廓图偏移▣：在后面的文本框输入数值来调整轮廓图各步数之间的距离。

轮廓图角▣：用于设置轮廓图的角类型。单击该图标，在下拉选项列表选择相应的角类型进行应用。

斜接角：在创建的轮廓图中使用尖角渐变。

圆角：在创建的轮廓图中使用倒圆角渐变。

斜切角：在创建的轮廓图中使用倒角渐变。

轮廓色▣：用于设置轮廓图的轮廓色渐变序列。单击该图标，在下拉选项列表选择相应的颜色渐变序列类型进行应用。

线性轮廓色：单击该选项，设置轮廓色为直接渐变序列。

顺时针轮廓色：单击该选项，设置轮廓色为按色谱顺时针方向逐步调和的渐变序列。

逆时针轮廓色：单击该选项，设置轮廓色为按色谱逆时针方向逐步调和的渐变序列。

轮廓色▣：在后面的颜色选项中设置轮廓图的轮廓线颜色。当去掉轮廓线"宽度"后，轮廓色不显示。

填充色▣：在后面的颜色选项中设置轮廓图的填充颜色。

对象和颜色加速▣：调整轮廓图中对象大小和颜色变化的速率。

复制轮廓图属性▣：单击该按钮可以将其他轮廓图属性应用到所选轮廓中。

清除轮廓▣：单击该按钮可以清除所选对象的轮廓。

8.2.3 轮廓图操作

通过属性栏和泊坞窗中的相关参数选项来进行轮廓图的操作。

1.调整轮廓步长

选中创建好的中心轮廓图，然后在属性栏的"轮廓图偏移"▣文本框中输入新数值，按回车键生成步数，效果如图8-40所示。

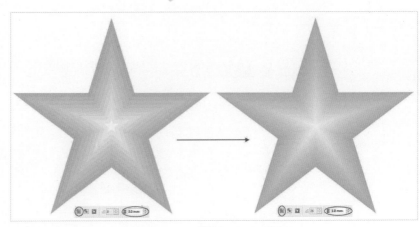

图8-40

选中创建好的内部轮廓图，然后在属性栏的"轮廓图步长" 文本框中输入新数值，"轮廓图偏移" 文本框中的数值不变，按回车键生成步数，效果如图8-41所示。在轮廓图偏移不变的情况下步长越大越向中心靠拢。

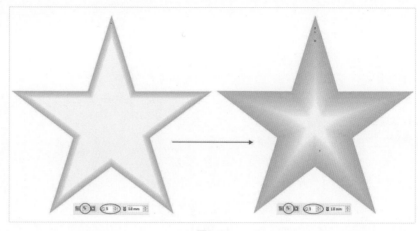

图8-41

选中创建好的外部轮廓图，然后在属性栏的"轮廓图步长" 文本框中输入新数值，"轮廓图偏移" 文本框中的数值不变，按回车键生成步数，效果如图8-42所示。在轮廓图偏移不变的情况下步长越大越向外扩散，产生的视觉效果越向下延伸。

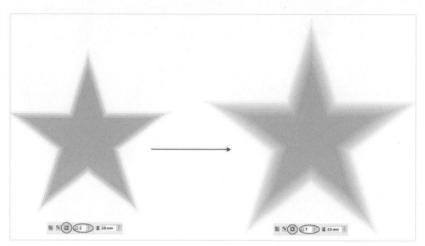

图8-42

2.轮廓图颜色

填充轮廓图颜色分为填充对象颜色和轮廓线颜色，两者都可以在属性栏或泊坞窗直接选择颜色进行填充。选中创建好的轮廓图，然后在属性栏的"填充色"图标 后面选择需要的颜色，轮廓图就向选取的颜色进行渐变,如图8-43所示。

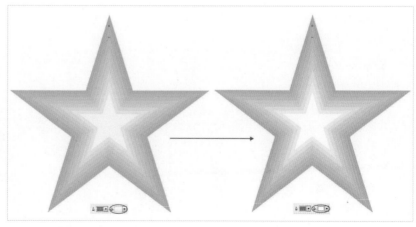

图8-43

将对象的填充去掉，设置轮廓线"宽度"为1mm，如图8-44所示，此时"轮廓色"显示出来，"填充色"不显示；然后选中对象，在属性栏的"轮廓色"图标 🖊 后面选择需要的颜色，轮廓图的轮廓线以选取的颜色进行渐变，如图8-45所示。

图8-44　　　　　　　　　　　　　　　　　　　　图8-45

在填充效果和轮廓线"宽度"都没有去掉时，轮廓图会同时显示"轮廓色"和"填充色"，并以设置的颜色进行渐变，如图8-46所示。

图8-46

3.拆分轮廓图

在设计中会出现一些特殊的效果，比如形状相同的错位图形、在轮廓上添加渐变效果等，这些都可以用轮廓图快速创建。

选中轮廓图并单击鼠标右键，在打开的下拉菜单中选择"拆轮廓图群组"命令，如图8-47所示。注意，拆分后的对象只是将生成的轮廓图和源对象进形分离，还不能分别移动，如图8-48所示。

图8-47

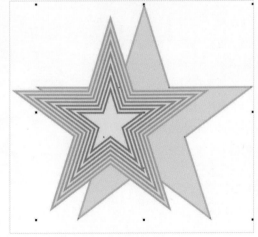

图8-48

选中轮廓图并单击鼠标右键，在打开的下拉菜单中选择"取消组合对象"命令，如图8-49所示。此时可以将对象分别进行移动和编辑，如图8-50所示。

图8-49

图8-50

● 用轮廓图绘制背景和文字

实例位置

实例文件 >CH08> 用轮廓图绘制背景和文字 .cdr

素材位置

无

视频名称

用轮廓图绘制背景和文字 .mp4

实用指数

★★★★☆

技术掌握

拆分轮廓图的用法

最终效果图

01 新建空白文档，然后在"创建新文档"对话框中设置"名称"为"用轮廓图绘制背景和文字"、"宽度"和"高度"都为200mm，接着单击"确定"按钮 确定 ，如图8-51所示。

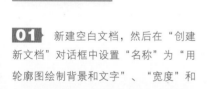

图8-51

02 使用"椭圆工具" ⊙ 绘制一个直径为112mm的圆，如图8-52所示，然后使用"变形工具" ⊙ 将其变形，并填充颜色为（C: 0，M: 40，Y: 20，K: 0），接着去掉轮廓线，如图8-53所示。

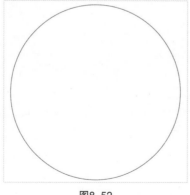

图8-52

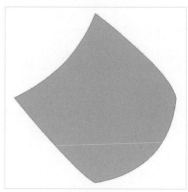

图8-53

03 使用"轮廓图工具" ⬚拖曳内部轮廓图效果，然后在其属性栏中设置"轮廓图步长" ⬚为5、"轮廓图偏移" ⬚为10mm、"填充色" ⬚为（C：0，M：0，Y：60，K：0），最后去掉轮廓线，如图8-54所示。

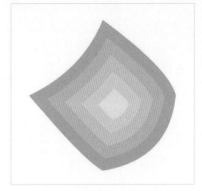

图8-54

04 将上述绘制完成的对象复制多个，然后填充不同的颜色，如图8-55所示，接着选中第一个对象单击鼠标右键，在打开的菜单中选择"拆分轮廓图群组"命令，如图8-56所示，再次单击鼠标右键，在打开的菜单中选择"取消组合所有对象"命令，如图8-57所示，最后将剩下的多个对象按相同的步骤进行操作。

图8-55

图8-56

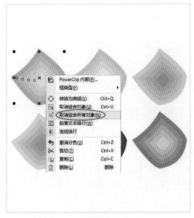

图8-57

05 选中所有对象，然后使用"透明度工具" 依次为对象添加均匀透明度效果，并设置"透明度"为50，如图8-58所示，接着将所有对象分开排列，效果如图8-59所示。

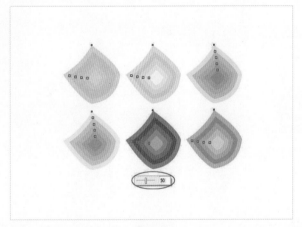

图8-58

图8-59

06 双击"矩形工具"□ 创建一个与页面相同大小的矩形，然后填充颜色为（C：0，M：0，Y：0，K：10），如图8-60所示；接着选中拆分排列好的对象，执行"对象>图框精确裁剪>置于图文框内部"菜单命令，将其放置在矩形内部，最后取消矩形轮廓线，效果如图8-61所示。

07 在页面中输入文字，然后选择一个合适字体，并填充颜色为（C：22，M：0，Y：23，K：0），如图8-62所示。

图8-60

图8-61

图8-62

08 选中文字单击"轮廓图工具"，然后在其属性栏中单击"外部轮廓"图标，并设置"轮廓图步长"为1、"轮廓图偏移"为1.5mm、"填充色"为（C：0，M：10，Y：100，K：0），设置如图8-63所示，效果如图8-64所示。

图8-64

图8-63

09 在轮廓上单击鼠标右键，然后在打开的菜单中选择"拆分轮廓图群组"命令，如图8-65所示；接着选中拆分后的轮廓图，单击"轮廓图工具"，并在其属性栏中单击"外部轮廓"图标，设置"轮廓图步长"为1、"轮廓图偏移"为1.5mm、"填充色"为（C：0，M：20，Y：100，K：0），设置如图8-66所示，效果如图8-67所示。

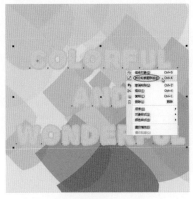

图8-65

图8-66

图8-67

10 继续在轮廓上单击鼠标右键拆分轮廓图群组，然后选中轮廓单击"轮廓图工具"，接着在其属性栏中单击"外部轮廓"图标，设置"轮廓图步长"为1、"轮廓图偏移"为0.5mm、"填充色"为（C: 0，M: 0，Y: 60，K: 20），设置如图8-68所示，效果如图8-69所示。

11 选中中间绿色的文字，然后单击"轮廓图工具"，接着在其属性栏中单击"内部轮廓"图标，设置"轮廓图步长"为5、"轮廓图偏移"为0.5mm、"填充色"为（C: 0，M: 0，Y: 20，K: 0），设置如图8-70所示，最终效果如图8-71所示。

图8-68

图8-70

图8-69

图8-71

8.3 调和效果

调和工具是CorelDRAW X7中用途最广泛、性能最强大的工具之一。它用来增强图形和艺术文字的效果，不仅可以创建任意两个或多个对象之间的颜色和形状过度，包括直线调和、曲线路径调和以及复合调和等多种方式，也可以创建颜色渐变、高光、阴影、透视等特殊效果，在设计中运用非常频繁。

8.3.1 创建调和效果

"调和工具"通过创建对象之间的一系列对象，以颜色序列来调和两个源对象，源对象的位置、形状、颜色会直接影响调和效果。

1.直线调和

选择"调和工具"，在起始对象上按住鼠标左键向终止对象进行拖动，会出现一列可预览的实线框，如图8-72所示，确定无误后松开左键完成调和，效果如图8-73所示。

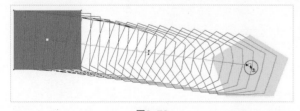

图8-72

图8-73

在调和时两个对象的位置大小会影响中间系列对象的形状变化，两个对象的颜色决定中间系列对象的颜色渐变范围。

"调和工具" 🖳 也可以创建轮廓线的调和，绘制两条曲线，填充不同颜色，如图8-74所示。

图8-74

使用"调和工具" 🖳 选中红色曲线按住鼠标左键拖动到终止曲线，待出现预览线后松开鼠标完成调和，如图8-75和图8-76所示。

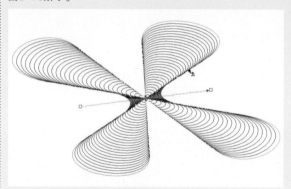

图8-75

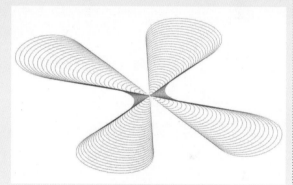

图8-76

线条形状和轮廓线"宽度"都不相同时，也可以进行调和，调和的中间对象会进行形状和宽度渐变，如图8-77和图8-78所示。

图8-77

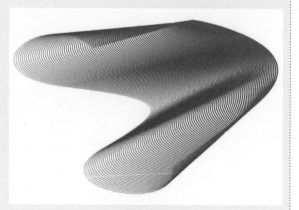

图8-78

2.曲线调和

选择"调和工具" 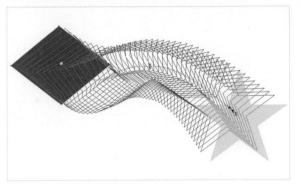，然后按住Alt键不放，并在起始对象上按住鼠标左键向终止对象拖动绘制出曲线路径，会出现一列可预览的实线框，如图8-79所示，确定后松开鼠标完成调和，效果如图8-80所示。

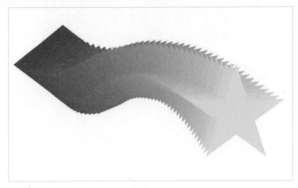

图8-79　　　　　　　　　　　　　　　　　　图8-80

> **Tips**
>
> 在选取创建曲线调和的起始对象时，必须先按住Alt键再选取绘制路径，否则无法创建曲线调和。

创建曲线调和时绘制的曲线弧度与长短会影响到中间系列对象的形状和颜色的变化。

> **Tips**
>
> 使用"钢笔工具" 绘制一条平滑曲线，如图8-81所示，然后选中已经进行了直线调和的对象，接着在属性栏上单击"路径属性"图标 ，在下拉选项中选择"新路径"命令，如图8-82所示。
>
>
>
> 图8-81　　　　　　　　　　　　　　　　　　图8-82

此时光标变为弯曲箭头形状 ，将箭头移动到曲线上单击鼠标即可，如图8-83所示，效果如图8-84所示。

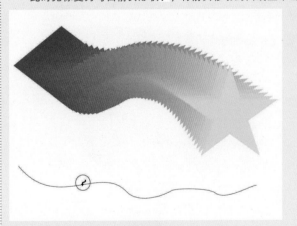

图8-83　　　　　　　　　　　　　　　　　　图8-84

3.复合调和

创建3个几何对象，填充不同颜色，如图8-85所示，然后选择"调和工具" ，接着在绿色起始对象上按住鼠标左键不放，向紫色对象拖动直线调和，如图8-86所示，最后在七边形上按住鼠标左键向星形对象拖动直线调和，如图8-87所示。

如果需要创建曲线调和，可以按住Alt键选中七边形向星形创建曲线调和，如图8-88所示。

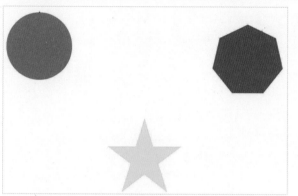

图8-85

图8-86

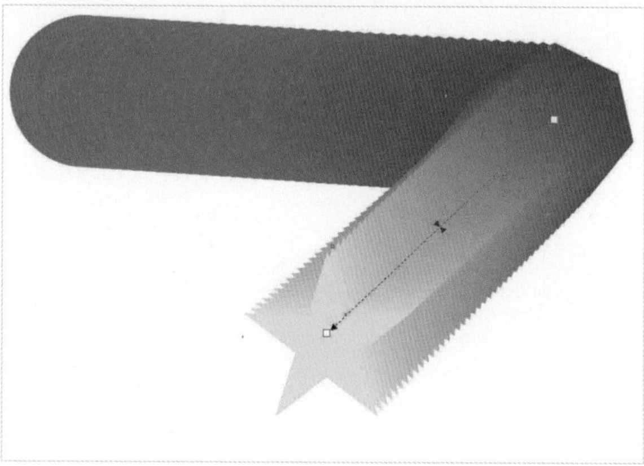

图8-87

图8-88

Tips

选中调和对象，如图8-89所示，然后在属性栏的"调和步长"文本框里输入数值，如图8-90所示，数值越大调和效果越细腻越自然，按回车键应用后，调和效果如图8-91所示。

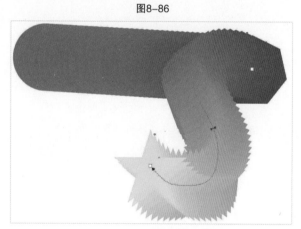

图8-89

图8-90

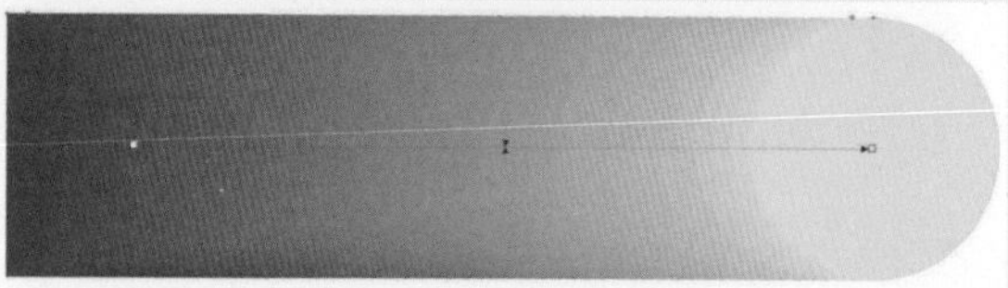

图8-91

8.3.2 调和参数设置

在创建调和后，可以在属性栏中进行调和参数设置，也可以执行"效果>调和"菜单命令，然后在打开的"调和"泊坞窗中进行参数设置。

1.属性栏参数

"调和工具"  的属性栏设置如图8-92所示。

图8-92

调和工具属性栏选项介绍

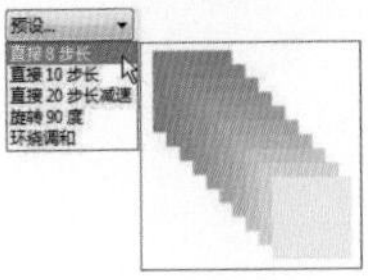

预设列表：系统提供的预设调和样式，可以在下拉列表选择预设选项，如图8-93所示。

添加预设 + ：单击该图标可以将当前选中的调和对象另存为预设。

删除预设 − ：单击该图标可以将当前选中的调和样式删除。

图8-93

调和步长 ：用于设置调和效果中的调和步长数和形状之间的偏移距离。激活该图标，可以在后面"调和对象"文本框 35 中输入相应的数值。

调和间距 ：用于设置路径中调和步长对象之间的距离。激活该图标，可以在后面"调和对象"文本框 .764 mm 中输入相应的数值。

调和方向 .0 ：在后面的文本框中输入数值可以设置已调和对象的旋转角度。

环绕调和 ：激活该图标可将环绕效果添加应用到调和中。

直接调和 ：激活该图标设置颜色调和序列为直接颜色渐变。

顺时针调和 ：激活该图标设置颜色调和序列为按色谱顺时针方向颜色渐变。

逆时针调和 ：激活该图标设置颜色调和序列为按色谱逆时针方向颜色渐变。

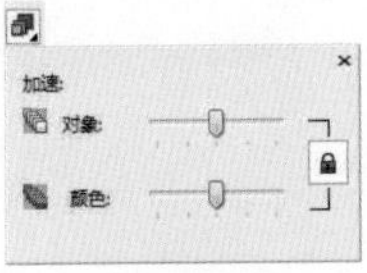

对象和颜色加速 ：单击该按钮，在打开的对话框中通过拖动"对象" 和"颜色" 后面的滑块，可以调整形状和颜色的加速效果，如图8-94所示。

图8-94

调整加速大小 ：激活该图标可以调整调和对象的大小变化速率。

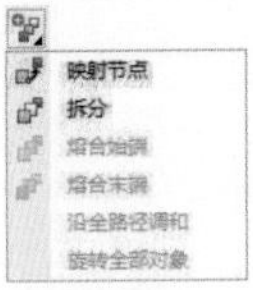

更多调和选项 ：单击该图标，在打开的下拉选项中可以进行"映射节点""拆分""熔合始端""熔合末端""沿全路径调和""旋转全部对象"操作，如图8-95所示。

图8-95

起始和结束属性 ：用于重置调和效果的起始点和终止点。单击该图标，可以在打开的下拉选项中进行显示和重置操作，如图8-96所示。

路径属性 ：用于将调和好的对象进行添加到新路径、显示路径和分离出路径等操作，如图8-97所示。

图8-96 　　图8-97

2.泊坞窗参数

复制调和属性 ：单击该按钮可以将其他调和属性应用到所选调和中。

清除调和 ：单击该按钮可以清除所选对象的调和效果。

执行"效果>调和"菜单命令，打开"调和"泊坞窗，如图8-98所示。

调和泊坞窗选项介绍

沿全路径调和：沿整个路径延展调和，该命令仅运用于添加路径的调和中。

图8-98

旋转全部对象：沿曲线旋转所有的对象，该命令仅运用于添加路径的调和中。

应用于大小：勾选后把调整的对象加速应用到对象大小。

链接加速：勾选后可以同时调整对象加速和颜色加速。

重置 重置 ：将调整的对象加速和颜色加速还原为默认设置。

映射节点 映射节点 ：将起始形状的节点映射到结束形状的节点上。

拆分 拆分 ：将选中的调和拆分为两个独立的调和。

熔合始端 熔合始端 ：熔合拆分或复合调和的始端对象，按住Ctrl键选中中间和始端对象，可以激活该按钮。

熔合末端 熔合末端 ：熔合拆分或复合调和的末端对象，按住Ctrl键选中中间和末端对象，可以激活该按钮。

始端对象 ⇨·：更改或查看调和中的始端对象。

末端对象 ⇦·：更改或查看调和中的末端对象。

路径属性 ↰·：用于将调和好的对象添加到新路径、显示路径和分离出路径。

8.3.3 调和操作

通过属性栏和泊坞窗的相关参数选项来进行调和的操作。

1.变更调和顺序

使用"调和工具" 在方形到圆形中间添加调和，如图8-99所示，然后选中调和对象执行"对象>顺序>逆序"菜单命令，此时前后顺序进行了颠倒，如图8-100所示。

图8-99

图8-100

2.变更起始和终止对象

在终止对象下面绘制另一个图形，然后使用"调和工具" 选中调和的对象，接着单击泊坞窗的"末端对象"图标 ⇦·，在下拉选项中选择"新终点"选项，当光标变为箭头时单击新图形，如图8-101所示。此时调和的终止对象变为下面的图形，如图8-102所示。

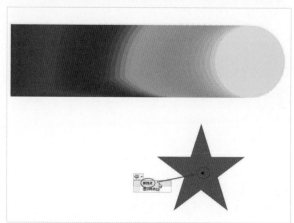

图8-101

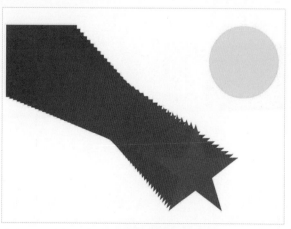

图8-102

在起始对象下面绘制另一个图形，然后使用"调和工具" 选中调和的对象，接着单击泊坞窗"始端对象"图标 ，在下拉选项中选择"新起点"选项，当光标变为箭头时单击新图形，如图8-103所示。此时调和的起始对象变为下面的图形，如图8-104所示。

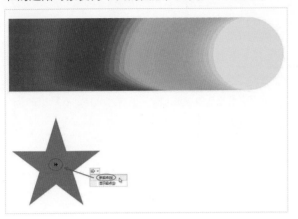

图8-103　　　　　　　　　　　　　　　　　　图8-104

3.修改调和路径

使用"形状工具" 单击调和对象显示出调和路径，如图8-105所示，然后进行调整，效果如图8-106所示。

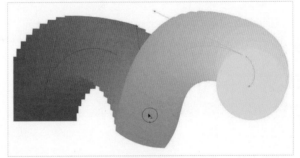

图8-105　　　　　　　　　　　　　　　　　　图8-106

4.变更调和步长

选中直线调和对象，属性栏的"调和对象"文本框中会出现当前调和的步长数，如图8-107所示。此时的步长数可以进行更改，在文本框中输入需要的步长数，按回车键即可确定更改，效果如图8-108所示。

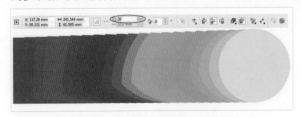

图8-107　　　　　　　　　　　　　　　　　　图8-108

5.变更调和间距

选中曲线调和对象，在属性栏的"调和间距" 文本框中输入新数值更改调和间距。数值越小间距越小，调和越细腻，如图8-109所示；数值越大间距越大，分层越明显，如图8-110所示。

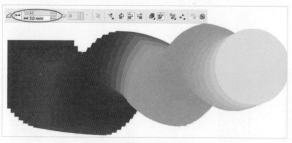
图8-109

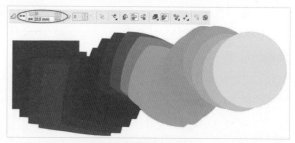
图8-110

6.调整对象颜色的加速

选中调和对象，然后在属性栏中单击"对象和颜色加速"图标█，打开"加速"对话框，如图8-111所示，在激活"锁头"图标时移动滑轨，可以同时调整对象加速和颜色加速，效果如图8-112所示。

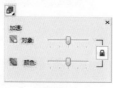
图8-111

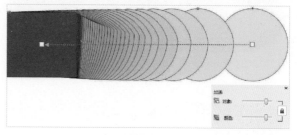
图8-112

解锁后可以分别移动两种滑轨，移动对象滑轨，颜色不变对象间距进行改变；移动颜色滑轨，对象间距不变颜色进行改变，效果如图8-113和图8-114所示。

图8-113

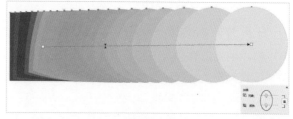
图8-114

7.调和的拆分与熔合

使用"调和工具"█选中调和对象，然后单击泊坞窗中的"拆分"按钮██，当光标变为弯曲箭头时单击中间任意形状，完成拆分，如图8-115所示。

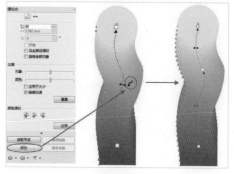
图8-115

选择"调和工具" 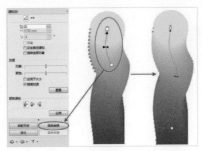，按住Ctrl键单击上半段路径，然后单击泊坞窗中的"熔合始端"按钮 熔合始端 完成熔合，如图8-116所示。按住Ctrl键单击下半段路径，然后单击泊坞窗中的"熔合末端"按钮 熔合末端 完成熔合，如图8-117所示。

图8-116

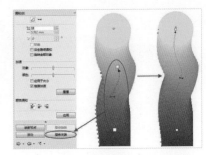

图8-117

8.复制调和效果

选中直线调和对象，然后在属性栏中单击"复制调和属性"图标 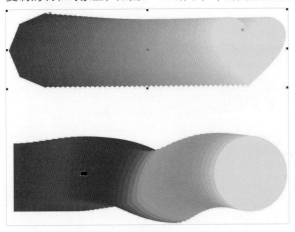，接着将变为箭头的光标移动到需要复制的调和对象上，如图8-118所示，单击鼠标完成属性复制，效果如图8-119所示。

图8-118

图8-119

9.拆分调和对象

选中曲线调和对象，然后单击鼠标右键，在打开的下拉菜单中选择"拆分调和群组"命令，如图8-120所示，再次单击鼠标右键，在打开下的拉菜单中选择"取消组合对象"命令，如图8-121所示，取消组合对象后，中间进行调和的渐变对象可以分别进行移动，如图8-122所示。

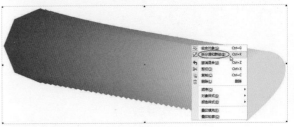

图8-120

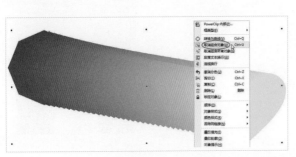

图8-121

图8-122

10.清除调和效果

使用"调和工具"  选中调和对象，然后在属性栏中单击"清除调和"图标 清除选中对象的调和效果，如图8-123所示。

图8-123

即学即用

〔扫码观看视频〕

● 绘制水蜜桃

实例位置

实例文件 >CH08> 绘制水蜜桃 .cdr

素材位置

素材文件 >CH08> 素材 02.cdr

视频名称

绘制水蜜桃 .mp4

实用指数

★ ★ ★ ☆ ☆

技术掌握

调和工具的用法

最终效果图

---

01 按Ctrl+N组合键新建一个空白文档，然后在打开的"创建新文档"对话框中设置"名称"为"绘制水蜜桃"、"大小"为A4，接着单击"确定"按钮 确定 ，如图8-124所示。

图8-124

02 首先绘制红色的水蜜桃。使用"手绘工具" 绘制水蜜桃的轮廓，然后绘制一个小水滴的形状放在水蜜桃轮廓的上面，如图8-125所示，接着为轮廓填充颜色为（C: 4，M: 15，Y: 2，K: 0），为小水滴填充颜色为（C: 4，M: 54，Y: 0，K: 0），最后取消两者的轮廓线，效果如图8-126所示。

图8-125

图8-126

03 选择"调和工具" 添加调和效果，将光标移动到小水滴上，然后按住鼠标不放向终止对象进行拖动，会出现一列对象的虚框进行预览，如图8-127所示，接着松开左键完成调和效果的添加，如图8-128所示，最后选中对象单击鼠标右键将对象群组，如图8-129所示。

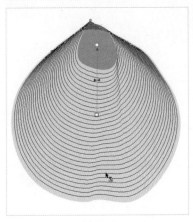

图8-127

图8-128

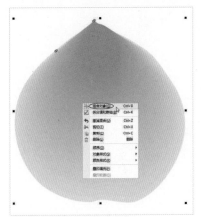

图8-129

04 使用"阴影工具" 为水蜜桃创建阴影，然后在其属性栏中设置"角度"为90、"阴影淡出"为50、"阴影的不透明度"为50、"阴影羽化"为3、"羽化方向"为"向外"、"羽化边缘"为"线性"、"阴影颜色"为黑色、"合并模式"为"乘"，设置如图8-130所示，效果如图8-131所示。

图8-130

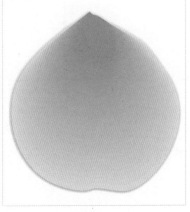

图8-131

05 下面绘制树叶。使用"手绘工具" 绘制树叶图形，填充颜色为（C：59，M：0，Y：72，K：0），然后去掉轮廓线，如图8-132所示。

图8-132

06 使用"轮廓图工具" 为树叶创建轮廓边，在其属性栏单击"外部轮廓"图标，设置"轮廓图步长"为1、"轮廓图偏"0.5mm、"轮廓色"为"线性轮廓色"、填充颜色为黑色，设置如图8-133所示；接着复制该形状并原位粘贴，并将复制对象缩小，再移动位置，最后为其填充颜色为（C：100，M：0，Y：100，K：0），效果如图8-134所示。

07 使用"调和工具" 为上一步绘制的形状添加调和效果，如图8-135所示，然后选择"艺术笔工具" ，在属性栏设置合适的"笔触宽度"，接着选取合适的"笔刷笔触"，在叶片上绘制叶脉，效果如图8-136所示。

图8-133

图8-134

图8-135 图8-136

08 使用"艺术笔工具"📎绘制枝干，然后在属性栏中设置合适的"笔触宽度"，效果如图8-137所示；接着复制多个果子和多片树叶，再将其拖曳到枝干上，最后按Ctrl+G组合键组合所有对象，效果如图8-138所示。

图8-137

图8-138

09 将组合好的对象复制一份，然后将其水平镜像，接着调整其位置和大小，如图8-139所示；最后导入"素材文件>CH08>素材02.cdr"文件作为背景，最终效果如图8-140所示。

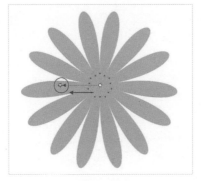

图8-139

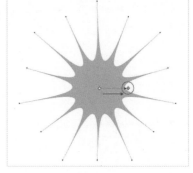

图8-140

8.4 变形效果

"变形工具"📷可以将图形通过拖动达到不同效果的变形，在CorelDRAW X7软件中为用户提供了"推拉变形"、"拉链变形"和"扭曲变形"3种变形方法，下面分别进行详细介绍。

8.4.1 推拉变形

"推拉变形"效果可以通过手动拖曳的方式，将对象边缘进行推进或拉出操作。

1.创建推拉变形

绘制一个七边形，然后选择"变形工具"📷，并单击属性栏中的"推拉变形"按钮⊠，将变形样式转换为推拉变形，接着在七边形中间位置按住鼠标进行水平方向拖动，会出现蓝色实线可预览变形效果，松开鼠标即完成变形。

在进行拖动变形时，向左边拖动可以使轮廓边缘向内推进，如图8-141所示；向右边拖动可以使轮廓边缘从中心向外拉出，如图8-142所示。

图8-141

图8-142

 Tips

注意，水平方向移动的距离决定推进和拉出的距离和程度，在属性栏也可以设置推拉振幅〜〜。

2.推拉变形设置

选择"变形工具" ⬚，单击其属性栏中的"推拉变形"按钮⬚，属性栏将变为推拉变形的相关设置，如图8-143所示。

图8-143

变形工具属性栏选项介绍

预设列表：系统提供的预设变形样式，可以在下拉列表选择预设选项。

推拉变形⬚：单击该按钮可以激活推拉变形效果，同时激活推拉变形的属性设置。

添加新的变形⬚：单击该按钮可以将当前变形的对象转为新对象，然后进行再次变形。

推拉振幅⬚：在后面的文本框中输入数值，可以设置对象推进拉出的程度。输入数值为正数则向外拉出，最大为200；输入数值为负数则向内推进，最小为-200。

居中变形⬚：单击该按钮可以将变形效果居中放置。

8.4.2 拉链变形

"拉链变形"效果可以通过手动拖曳的方式，将对象边缘调整为尖锐锯齿效果，移动调节线上的滑块可以增加锯齿的个数。

1.创建拉链变形

绘制一个正方形，然后选择"变形工具" ⬚，并单击属性栏中的"拉链变形" ⬚按钮，将变形样式转换为拉链变形，接着在正方形的中间位置按住鼠标向外进行拖动，会出现蓝色实线可预览变形效果，如图8-144所示，松开鼠标即完成变形，如图8-145所示。

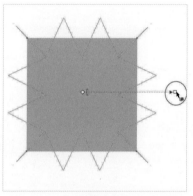

图8-144

图8-145

变形后移动调节线上的滑块可以添加尖角锯齿的数量，如图8-146所示；可以在不同的位置创建变形，如图8-147所示；也可以增加拉链变形的调节线，如图8-148所示。

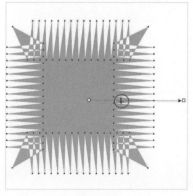

图8-146

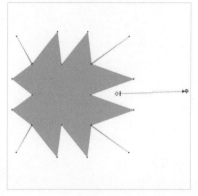

图8-147

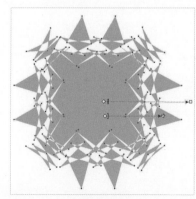

图8-148

2.拉链变形设置

选择"变形工具" ，单击其属性栏中的"拉链变形"按钮 ，属性栏变为拉链变形的相关设置，如图8-149所示。

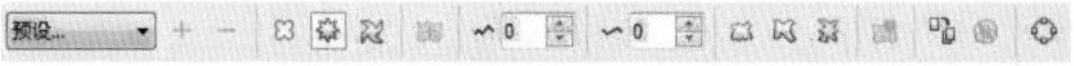

图8-149

变形工具属性栏选项介绍

拉链变形 ：单击该按钮可以激活拉链变形效果，同时激活拉链变形的属性设置。

拉链振幅 ：用于调节拉链变形中锯齿的高度。

拉链频率 ：用于调节拉链变形中锯齿的数量。

随机变形 ：激活该图标，可以将对象按系统默认方式随机设置变形效果。

平滑变形 ：激活该图标，可以将变形对象的节点平滑处理。

局限变形 ：激活该图标，可以随着变形的进行，降低变形的效果。

8.4.3 扭曲变形

"扭曲变形"效果可以使对象绕变形中心进行旋转，产生螺旋状的效果，可以用来制作墨迹效果。

1.创建扭曲变形

绘制一个正星形，然后选择"变形工具" ，接着单击属性栏中的"扭曲变形"按钮 ，将变形样式转换为扭曲变形。

将光标移动到星形中间位置，按住左键向外进行拖动确定旋转角度的固定边，然后不放开左键直接拖动旋转角度，再根据蓝色预览线确定扭曲的形状，接着松开左键完成扭曲，如图8-150、图8-151和图8-152所示。

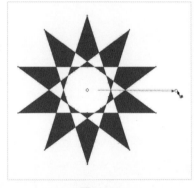

图8-150

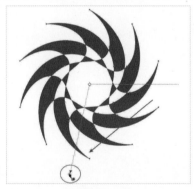

图8-151

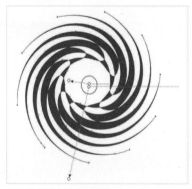

图8-152

2.扭曲变形设置

选择"变形工具" ，单击属性栏中的"扭曲变形"按钮 ，属性栏变为扭曲变形的相关设置，如图8-153所示。

图8-153

变形工具属性栏选项介绍

扭曲变形 ：单击该按钮可以激活扭曲变形效果，同时激活扭曲变形的属性设置。

顺时针旋转 ：激活该图标，可以使对象按顺时针方向进行旋转扭曲。

逆时针旋转 ：激活该图标，可以使对象按逆时针方向进行旋转扭曲。

完整旋转 ：在后面的文本框中输入数值，可以设置扭曲变形的完整旋转次数。

附加度数 ：在后面的文本框中输入数值，可以设置超出完整旋转的度数。

8.5 封套效果

封套工具主要用于调整对象的透视效果。在字体、产品、景观等设计中，有时需要将编辑好的对象调整为透视效果，来增加视觉美感。虽然"形状工具"也可用来调整对象的形状，但是比较麻烦，而利用封套就能快速创建逼真的透视效果，使用户在转换三维效果的创作中更加灵活。

8.5.1 创建封套

"封套工具"📷用于创建不同样式的封套来改变对象的形状。

使用"封套工具"📷单击对象，对象外面会自动生成一个蓝色虚线框，如图8-154所示，通过拖动虚线上的封套控制节点来改变对象形状，如图8-155所示。

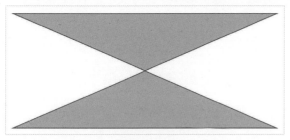

图8-154

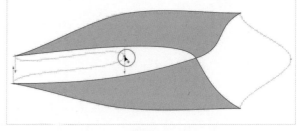

图8-155

在使用"封套工具"📷改变形状时，可以根据需要选择相应的封套模式，其属性栏中有"直线模式""单弧模式""双弧模式"3种封套类型可供选择。

8.5.2 封套参数设置

创建封套效果后，可以在属性栏中进行参数设置，也可以执行"效果>封套"菜单命令，在打开的"封套"泊坞窗中进行设置。

1.属性栏设置

"封套工具"📷的属性栏设置如图8-156所示。

图8-156

封套工具属性栏选项介绍

选取范围模式：用于切换选取框的类型。在下拉现象列表中包括"矩形"和"手绘"两种选取框。

直线模式📷：激活该图标，可应用由直线组成的封套改变对象形状，为对象添加透视点。

单弧模式📷：激活该图标，可应用单边弧线组成的封套改变对象形状，使对象边线形成弧度。

双弧模式📷：激活该图标，可用S形封套改变对象形状，使对象边线形成S形弧度。

非强制模式📷：激活该图标，将封套模式变为允许更改节点的自由模式，同时激活前面的节点编辑图标，选中封套节点可以进行自由编辑。

添加新封套📷：在使用封套变形后，单击该图标可以为其添加新的封套。

映射模式：选择封套中对象的变形方式。在后面的下拉选项中进行选择。

保留线条📷：激活该图标，在应用封套变形时直线不会变为曲线。

创建封套自📷：单击该图标，当光标变为箭头时在图形上单击，可以将图形形状应用到封套中。

2.泊坞窗设置

执行"效果>封套"菜单命令，可以打开"封套"泊坞窗，如图8-157所示。

封套泊坞窗选项介绍

添加预设：将系统提供的封套样式应用到对象上。单击"添加预设"按钮 添加预设 可以激活下面的样式表，选择样式单击"应用"按钮完成添加。

保留线条：勾选该选项，在应用封套变形时保留对象中的直线。

图8-157

8.6 立体化效果

三维立体效果在Logo设计、包装设计、景观设计、插画设计等领域中运用相当频繁，为了方便用户在制作过程中快速达到三维立体效果，CorelDRAW X7提供了强大的立体化效果工具，通过设置可以得到满意的立体化效果。

"立体化工具" 可以为线条、图形、文字等对象添加立体化效果。

8.6.1 创建立体效果

"立体化工具" 能够将三维立体效果快速运用到对象上。

选择"立体化工具" ，然后将光标放在对象中心，按住鼠标左键进行拖动，出现矩形透视线预览效果，如图8-158所示；松开鼠标出现立体效果，如图8-159所示，移动方向可以改变立体化效果，效果如图8-160所示。

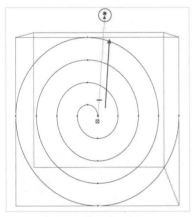

图8-158

图8-159

图8-160

8.6.2 立体参数设置

在创建立体效果后，可以在属性栏中进行参数设置，也可以执行"效果>立体化"菜单命令，在打开的"立体化"泊坞窗中进行参数设置。

1.属性栏设置

"立体化工具" 的属性栏设置如图8-161所示。

图8-161

立体化工具属性栏选项介绍

立体化类型 ：在下拉选项中选择相应的立体化类型应用到当前对象上，如图8-162所示。

深度 📦：在后面的文本框中输入数值调整立体化效果的进深程度，数值范围最大为99、最小为1，数值越大进深越深。

灭点坐标：在相应的x轴y轴上输入数值可以更改立体化对象的灭点位置，灭点就是对象透视线相交的消失点，变更灭点位置可以变更立体化效果的进深方向。

灭点属性：在下拉列表中选择相应的选项来更改对象灭点属性，包括"灭点锁定到对象""灭点锁定到页面""复制灭点，自…""共享灭点"4种选项，如图8-163所示。

图8-162　　图8-163

页面或对象灭点 ✏：用于将灭点的位置锁定到对象或页面中。

立体化旋转 🔲：单击该按钮在打开的小面板中，将光标移动到红色"3"形状上，当光标变为抓手形状时，按住左键进行拖动，可以调节立体对象的透视角度，如图8-164所示。

🔄：单击该图标可以将旋转后的对象恢复为旋转前。

🔧：单击该图标可以输入数值进行精确旋转，如图8-165所示。

立体化颜色 🎨：在下拉面板中选择立体化效果的颜色模式，如图8-166所示。

使用对象填充：激活该按钮，将当前对象的填充色应用到整个立体对象上。

使用纯色：激活该按钮，可以在下面的颜色选项中选择需要的颜色填充到立体效果上。

使用递减的颜色：激活该按钮，可以在下面的颜色选项中选择需要的颜色，以渐变形式填充到立体效果上。

立体化倾斜 🔲：单击该按钮在打开的面板中可以为对象添加斜边，如图8-167所示。

图8-164　　图8-165

图8-166

图8-167

使用斜角修饰边：勾选该选项可以激活"立体化倾斜"面板进行设置，显示斜角修饰边。

只显示斜角修饰边：勾选该选项，只显示斜角修饰边，隐藏立体化效果。

斜角修饰边深度 🔧：在后面的文本框中输入数值，可以设置对象斜角边缘的深度。

斜角修饰边角度 🔧：在后面的文本框中输入数值，可以设置对象斜角的角度，数值越大斜角就越大。

立体化照明 💡：单击该按钮，在打开的面板中可以为立体对象添加光照效果，可以使立体化效果更强烈，如图8-168所示。

光源 💡：单击可以为对象添加光源，最多可以添加3个光源并可以移动。

强度：可以移动滑块设置光源的强度，数值越大光源越亮。

使用全色范围：勾选该选项可以让阴影效果更真实。

图8-168

2.泊坞窗设置

执行"效果>立体化"菜单命令，可以打开"立体化"泊坞窗，如图8-169所示。

图8-169

立体化泊坞窗选项介绍

立体化相机：单击该按钮可以快速切换为立体化编辑版面，用于编辑修改立体化对象的灭点位置和进深程度，如图8-170所示。

📢 **Tips**

使用泊坞窗进行参数设置时，可以单击上方的按钮来切换相应的设置面板，参数和属性栏上的参数相同。在编辑时需要选中对象，再单击"编辑"按钮 　编辑　 激活相应的设置。

图8-170

8.6.3 立体化操作

通过属性栏和泊坞窗的相关参数选项来进行立体化的操作。

1.更改灭点位置和进深

更改灭点和进深的方法有2种。

第1种，选中立体化对象，然后在泊坞窗单击"立体化相机"按钮 激活面板选项，再单击"编辑"按钮 　编辑　 出现立体化对象的虚线预览图，如图8-171所示；接着在面板上输入数值进行设置，虚线会以设置的数值显示，如图8-172所示；最后单击"应用"按钮 　应用　 应用设置。

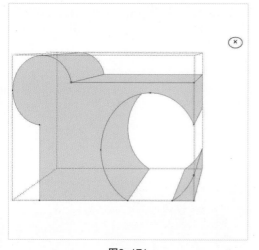

图8-171

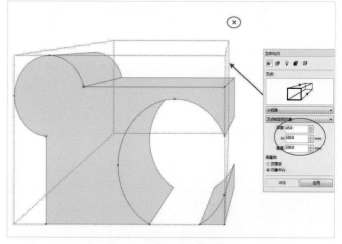

图8-172

第2种，选中立体化对象，然后在属性栏上"深度" 😁 后面的文本框中更改进深数值，在"灭点坐标"后相应的x轴y轴上输入数值可以更改立体化对象的灭点位置，
如图8-173所示。

图8-173

属性栏更改灭点和进深不会出现虚线预览，可以直接在对象上进行修改。

2.旋转立体化效果

选中立体化对象，然后在"立体化"泊坞窗中单击"立体化旋转"按钮 ，激活旋转面板，并单击"编辑"按钮 ，接着拖动红色"3"形状，出现虚线预览图，如图8-174所示；再单击"应用"按钮 应用设置。在旋转后如果需要重新旋转，可以单击 按钮取消旋转效果，如图8-175所示。

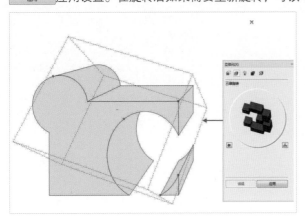
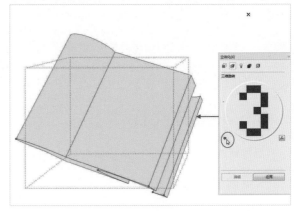

| 图8-174 | 图8-175 |

3.设置斜边

选中立体化对象，然后在"立体化"泊坞窗中单击"立体化倾斜"按钮 ，激活倾斜面板，并单击"编辑"按钮 ，接着勾选"使用斜角修饰边"选项，再拖动斜角，最后单击"应用"按钮 应用设置，如图8-176所示。

在单击"应用"按钮 之前，可以勾选"只显示斜角修饰边"选项隐藏立体化进深效果，保留斜角和对象，如图8-177所示。

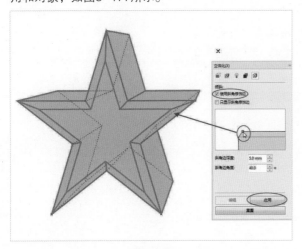

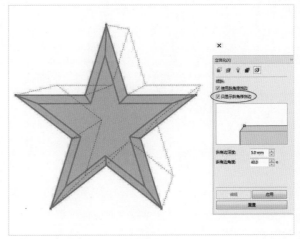

| 图8-176 | 图8-177 |

4.添加光源

选中立体化对象，然后在"立体化"泊坞窗中单击"立体化照明"按钮 ，激活倾斜面板，并单击"编辑"按钮 ，接着单击添加光源，在下面调整光源的强度，如图8-178所示，单击"应用"按钮 应用设置，如图8-179所示。

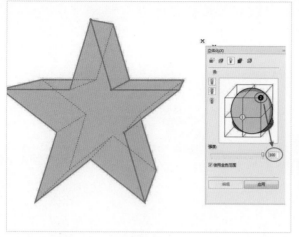

图8-178

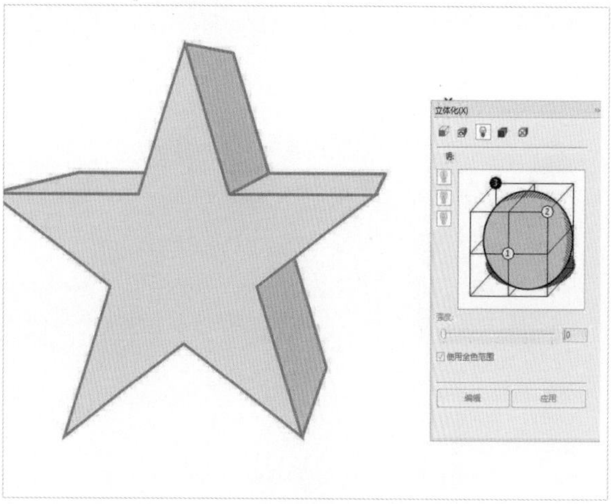

图8-179

● 绘制立体字

即学即用

实例位置

实例文件 >CH08> 绘制立体字 .cdr

素材位置

素材文件 >CH08> 素材 03.jpg、04.jpg

视频名称

绘制立体字 .mp4

实用指数

★ ★ ★ ★ ☆

技术掌握

立体工具的用法

（扫码观看视频）

最终效果图

01 新建空白文档，然后设置文档名称为"绘制立体字"、页面大小为"A4"、页面方向为"横向"，接着使用"文本工具"字输入三行独立的文字，然后调整字体样式和大小，如图8-180所示。

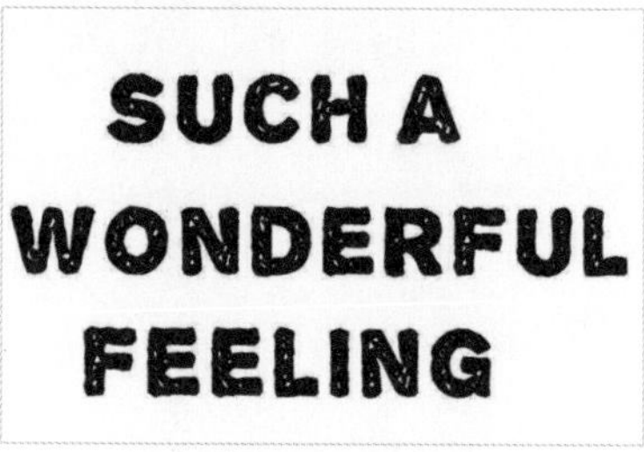

02 将所有的文字复制一份备用，然后导入"素材文件>CH08>03.jpg"文件，缩放至合适的大小，如图8-181所示，接着选中图片，执行"对象>图框精确裁剪>置于图文框内部"菜单命令，将图片分别放置在复制的三行文字中，效果如图8-182所示。

SUCH A
WONDERFUL
FEELING

图8-180

图8-181

SUCH A
WONDERFUL
FEELING

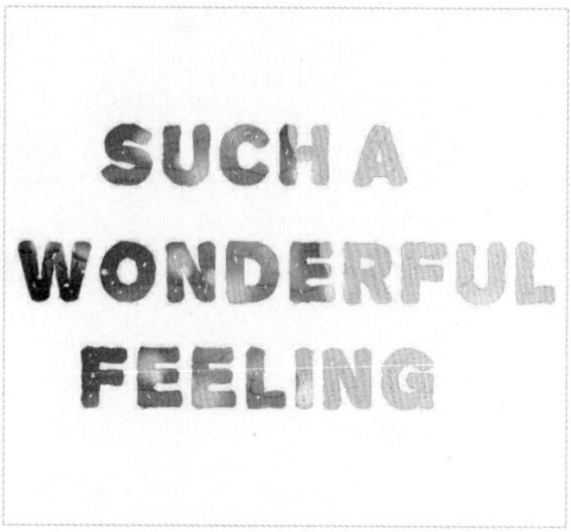

图8-182

03 导入"素材文件>CH18>04.jpg"文件，拖曳到页面内调整大小，如图8-183所示，然后将第一行图案文字拖曳到图片中，然后使用"立体化工具" [icon]从中间向下拖曳，接着在属性栏设置"立体化颜色"为"使用递减的颜色"，再设置"从"的颜色为（C：4，M：7，Y：33，K：0）、"到"的颜色为（C：36，M：36，Y：76，K：47），如图8-184所示，效果如图8-185所示。

图8-183　　　　　　　　　　图8-184　　　　　　　　　　图8-185

04 将第一排原文字拖曳到图案文字的下面，并使用"形状工具" [icon]调整原文字字符间距，如图8-186所示，然后执行"位图>转换为位图"菜单命令将其转换为位图。

图8-186

05 选中文字位图，然后执行"位图>模糊>高斯式模糊"菜单命令，在打开"高斯式模糊"对话框中设置"半径"为12，如图8-187所示，效果如图8-188所示，接着将模糊对象拖曳到立体文字下方调整位置，如图8-189所示。

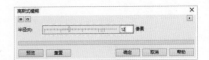

图8-187

图8-188

图8-189

06 将第二行图案文字拖曳到页面中，然后使用"立体化工具" 将其选中，如图8-190所示，接着在其属性栏中单击"复制立体化属性"图标 ，待光标变为黑色箭头时，单击第一行图案文字的立体效果，如图8-191所示，效果如图8-192所示。

图8-190

图8-191

图8-192

07 使用"立体化工具" 继续选中该行文字，然后在属性栏中更换"立体化类型"，如图8-193所示，接着拖曳立体化方向线上的白色滑块调整立体化深度，如图8-194所示。

图18-193   图8-194

08 为第二行图案文字添加阴影效果，如图8-195所示，然后将剩下的图案文字拖曳到页面中，接着为其添加第一行图案文字的立体化效果，再使用剩下的原文字为其制作阴影，最终如图8-196所示。

图8-195

图8-196

8.7 透明效果

CorelDRAW X7提供的"透明度工具"可以为对象创建透明的效果，也可以拖曳为渐变透明效果。通过一系列设置可以得到丰富的透明效果，更好地表现出对象的光滑质感和真实效果。透明效果经常运用于书籍装帧、排版、海报设计、广告设计和产品设计等领域中。

8.7.1 创建透明效果

"透明度工具"通过改变对象填充色的透明程度来添加效果，添加多种透明度样式可使画面更丰富。

1.创建渐变透明度

创建渐变透明度可以灵活运用在产品设计、海报设计、Logo设计等领域，达到添加光感的作用。

选择"透明度工具" ，光标后面会出现一个高脚杯形状 ，将光标移动到绘制的矩形上，光标所在的位置为渐变透明度的起始点，该点透明度为0，如图8-197所示；按住鼠标向右拖动渐变范围，黑色方块是渐变透明度的终点，该点透明度100，如图8-198所示。

图8-197

图8-198

松开鼠标对象会显示渐变效果，拖动中间的"透明度中心点"滑块可以调整渐变效果，如图8-199所示，调整后效果如图8-200所示。

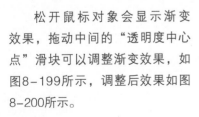

图8-199

图8-200

渐变透明度的类型包括"线性渐变透明度""椭圆形渐变透明度""锥形渐变透明度"和"矩形渐变透明度"4种，可以在属性栏中进行切换，绘制方式相同。

2.创建均匀透明度

选中需要添加透明度的对象，如图8-201所示，然后选择"透明度工具"，接着在其属性栏中选择"均匀透明度"，再通过调整"透明度"后面文本框内的值来设置透明度大小，如图8-202所示，调整后效果如图8-203所示。

| 图8-201 | 图8-202 | 图8-203 |

创建均匀透明度效果常运用在书籍杂志的设计中，它可以为文本添加透明底色、丰富图片效果和添加更多创意。用户可以在工具的属性栏中进行相关设置，使添加的效果更加丰富。

3.创建图样透明度

创建图样透明度，可以进行美化图片或为文本添加特殊样式的底图等，利用属性栏的设置可达到丰富的效果。

选中需要添加透明度的对象，然后选择"透明度工具"，接着在属性栏中选择"向量图样透明度"，并选取合适的图样，再通过调整"前景透明度"和"背景透明度"后面文本框内的值来设置透明度大小，如图8-204所示，调整后效果如图8-205所示。

图8-204

图8-205

调整图样透明度矩形范围线上的白色圆点，可以调整添加的图样大小，矩形范围线越小图样越小，如图8-206所示；范围越大图样越大，如图8-207所示。调整图样透明度矩形范围线上的控制柄，可以编辑图样的倾斜旋转效果，如图8-208所示。

| 图8-206 | 图8-207 | 图8-208 |

图样透明度包括"向量图样透明度""位图图样透明度"和"双色图样透明度"3种方式，在属性栏中可进行切换，绘制方式相同。

4.创建底纹透明度

选中需要添加透明度的对象，然后选择"透明度工具" ，接着在其属性栏中选择"底纹透明度" ，并选取合适的图样，再通过调整"前景透明度"和"背景透明度"后面文本框内的值来设置透明度大小，如图8-209所示，调整后效果如图8-210所示。

图8-209

图8-210

8.7.2 透明参数设置

"透明度工具" 的属性栏设置如图8-211所示。

图8-211

透明度工具属性栏选项介绍

编辑透明度 ：以颜色模式来编辑透明度的属性。单击该按钮，在打开的"编辑透明度"对话框中设置"调和过渡"可以变更渐变透明度的类型、选择透明度的目标、选择透明度的方式；"变换"可以设置渐变的偏移、旋转和倾斜；"节点透明度"可以设置渐变的透明度，颜色越浅透明度越低，颜色越深透明度越高；"中点"可以调节透明渐变的中心，如图8-212所示。

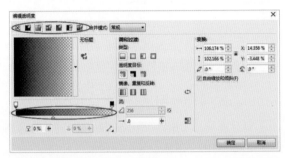

图8-212

透明度类型：在属性栏中选择透明图样进行应用，包括"无透明度""均匀透明度""线性渐变透明度""椭圆形渐变透明度""圆锥形渐变透明度""矩形渐变透明度""向量图样透明度""位图图样透明度""双色图样透明度""底纹透明度"，如图8-213所示。

图8-213

无透明度：选择该选项，对象没有任何透明效果。

均匀透明度：选择该选项，可以为对象添加均匀的渐变效果。

线性渐变透明度：选择该选项，可以为对象添加直线渐变的透明效果。

椭圆形渐变透明度：选择该选项，可以为对象添加放射渐变的透明效果。

圆锥形渐变透明度：选择该选项，可以为对象添加圆锥渐变的透明效果。

矩形渐变透明度：选择该选项，可以为对象添加矩形渐变的透明效果。

向量图样透明度：选择该选项，可以为对象添加全色向量纹样的透明效果。

位图图样透明度：选择该选项，可以为对象添加位图纹样的透明效果。

双色图样透明度：选择该选项，可以为对象添加黑白双色纹样的透明效果。

底纹透明度：选择该选项，可以为对象添加系统自带的底纹纹样的透明效果。

透明度操作：在属性栏中的"合并模式"下拉选项中选择透明颜色与下层对象颜色的调和方式。

透明度目标：在属性栏中选择透明度的应用范围，包括"全部""填充""轮廓"3种范围。

填充 ：选择该选项，可以将透明度效果应用到对象的填充上。

轮廓 ：选择该选项，可以将透明度效果应用到对象的轮廓线上。

全部■：选择该选项，可以将透明度效果应用到对象的填充和轮廓线上。

冻结透明度■：激活该按钮，可以冻结当前对象的透明度叠加效果，在移动对象时透明度叠加效果不变。

复制透明度属性■：单击该图标可以将文档中目标对象的透明度属性应用到所选对象上。

下面根据创建透明度的类型，分别进行讲解。

1.均匀透明度

在"透明度类型"的选项中选择"均匀透明度"■切换到均匀透明度的属性栏，如图8-214所示。

图8-214

均匀透明度属性栏选项介绍

透明度：在后面的文本框内输入数值可以改变透明的程度，如图8-215所示。数值越大对象越透明，反之越弱。

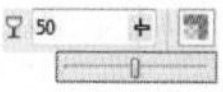

图8-215

2.渐变透明度

在"透明度类型"中选择"渐变透明度"■切换到渐变透明度的属性栏，如图8-216所示。

图8-216

渐变透明度属性栏选项介绍

线性渐变透明度■：选择该选项，应用沿线性路径逐渐更改不透明度的透明度。

椭圆形渐变透明度■：选择该选项，应用从同心椭圆形中心向外逐渐更改不透明度的透明度。

圆锥形渐变透明度■：选择该选项，应用以锥形逐渐更改不透明度的透明度。

矩形渐变透明度■：选择该选项，应用从同心矩形的中心向外逐渐更改不透明度的透明度。

节点透明度■：在后面的文本框中输入数值可以移动透明效果的中心点。最小值为0、最大值为100。

节点位置■：在后面的文本框中输入数值设置不同的节点位置可以丰富渐变透明效果。

旋转：在旋转后面的文本框内输入数值可以旋转渐变透明效果。

3.图样透明度

在"透明度类型"的选项中选择"向量图样透明度"■切换到图样透明度的属性栏，如图8-217所示。

图8-217

向量图样透明度属性栏选项介绍

透明度挑选器：可以在下拉选项中选取填充的图样类型，如图8-218所示。

前景透明度■：在后面的文字框内输入数值可以改变填充图案浅色部分的透明度。数值越大对象越不透明，反之越强。

背景透明度■：在后面的文字框内输入数值可以改变填充图案深色部分的透明度。数值越大对象越透明，反之越弱。

水平镜像平铺■：单击该图标，可以将所选的排列图快速相互镜像，达成在水平方向相互反射对称效果。

水平镜像平铺■：单击该图标，可以将所选的排列图快速相互镜像，达成在垂直方向相互反射对称效果。

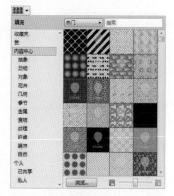

图8-218

4.底纹透明度

在"透明度类型"的选项中选择"底纹透明度"  切换到底纹透明度的属性栏，如图8-219所示。

图8-219

底纹透明度属性栏选项介绍

底纹库：在下拉选项中可以选择相应的底纹库，如图8-220所示。

图8-220

即学即用

（扫码观看视频）

● 制作唯美图片

实例位置

实例文件 >CH08> 制作唯美图片 .cdr

素材位置

素材文件 >CH08> 素材 05.jpg

视频名称

制作唯美图片 .mp4

实用指数

★★★ ☆ ☆

技术掌握

透明度的用法

最终效果图

01 新建一个空白文档，然后设置文档名称为"制作唯美图片"、宽为300mm、高为190mm，接着导入"素材文件>CH08>素材05.jpg"文件，并将其拖曳到页面中间，如图8-221所示。

图8-221

02 双击"矩形工具" 创建与页面等大的矩形，然后按Ctrl+Home组合键将矩形置于顶层，接着填充颜色为（C：0，M：0，Y：20，K：0），最后去掉轮廓线，如图8-222所示。

图8-222

03 选中矩形单击"透明度工具" 🔧，然后在其属性栏中设置"透明度类型"为"底纹透明度" 🎨、"样本库"为"样本9"，接着选择"透明度图样"，如图8-223所示；再设置"前景透明度"为0、"背景透明度"为100，最后调整矩形上底纹的位置，效果如图8-224所示。

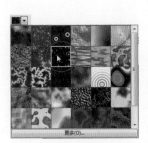

图8-223

图8-224

04 将添加透明度效果后的矩形在原位置复制粘贴一份，然后再填充颜色为（C：0，M：0，Y：60，K：0），并在"底纹透明度" 🎨 的属性栏中修改"前景透明度"为50，效果如图8-225所示。

图8-225

05 使用"矩形工具" 🔲 在页面上方绘制矩形，然后填充颜色为白色，并去掉轮廓线，如图8-226所示，接着使用"透明度工具" 🔧 自上而下拖动透明渐变效果，效果如图8-227所示。

图8-226

图8-227

06 使用"矩形工具" 在页面下方绘制矩形，然后填充颜色为黑色，接着选择"透明度工具" ，并在其属性栏设置"透明度类型"为"均匀透明度"、"透明度"为60，效果如图8-228所示，最后在矩形中间输入文字，最终效果如图8-229所示。

图8-228

图8-229

8.8 透视效果

透视效果可以将对象通过倾斜、拉伸等变形，使其达到空间透视的效果，常运用于产品包装设计、字体设计和一些效果处理上，提升设计的视觉感受。

选中需要添加透视的对象，如图8-230所示，然后在菜单栏中执行"效果>添加透视"菜单命令，如图8-231所示，在对象上生成透视网格，接着移动网格的节点调整透视效果，如图8-232所示，效果如图8-233所示。

图8-230

图8-231

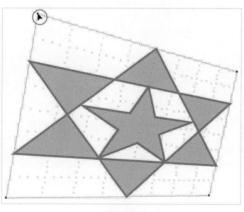

图8-232

图8-233

Tips

透视效果只能运用在矢量图形上，位图是无法添加透视效果的。

8.9 课后习题

在本章末将安排两个课后习题供读者练习，这两个课后习题都是针对本章知识重点，希望大家认真练习，总结经验。

8.9.1 课后习题

● 制作卡通节日卡片

实例位置
实例文件 >CH08> 制作卡通节日卡片 .cdr
素材位置
素材文件 >CH08> 素材 06.jpg、07.cdr
视频名称
制作卡通节日卡片 .mp4
实用指数

★★★★☆

技术掌握
变形工具的用法

（扫码观看视频）

最终效果图

制作思路如图8-234所示。

第1步：绘制多个边数不一的多边形，然后删除多边形每条边中间的节点，接着使用"变形工具" 调整图形，再绘制圆形使用"变形工具" 进行变形，最后为所有图形填充不同的颜色后进行叠加放置。

第2步：使用"变形工具" 绘制多个颜色不一的花朵，然后导入素材，将绘制好的图形拖曳到素材中合适位置，接着在页面中输入文字，再导入素材放置在页面合适位置。

图8-234

8.9.2 课后习题

（扫码观看视频）

● 制作放大字体效果

实例位置

实例文件 >CH08> 制作放大字体效果 .cdr

素材位置

素材文件 >CH08> 素材 08.jpg

视频名称

制作放大字体效果 .mp4

实用指数

★★★★☆

技术掌握

封套工具的用法

最终效果图

制作思路如图8-235所示。

新建一个空白文档，然后输入文字，并使用"封套工具"调整文字，接着导入素材，再将调整好的文字拖曳到素材中，最后更改文字颜色。

图8-235

09

文本与表格

本章主要讲解文本与表格，文本的作用就是输入美术字体或者段落文本，而表格则是用来绘制图表的。在绘制的图表中，也可以使用文本工具输入文本，一起进行编辑。

* 文本的输入
* 文本的设置与编辑
* 文本编排
* 页码设置

* 文本的转曲操作
* 艺术字体设计
* 创建表格
* 文本表格互转

* 表格设置与操作
* 移动表格边框
* 填充表格

9.1 文本的输入

文本在平面设计作品中起到解释说明的作用，它在CorelDRAW X7中主要以美术字和段落文本这两种形式存在，美术字具有矢量图形的属性，可用于添加断行的文本。段落文本可以用于对格式要求更高、篇幅较大的文本，也可以将文字当做图形来进行设计，使平面设计的内容更广范。

9.1.1 美术文本

在实际工作中，经常需要在制作完成的图像上添加文字，CorelDRAW X7软件把美术字作为一个单独的对象进行编辑，并且可以使用各种处理图形的方法对其进行编辑。

1.创建美术字

选择"文本工具"，然后在页面内单击鼠标左键建立一个文本插入点，如图9-1所示，即可输入文本，所输入的文本即为美术字，如图9-2所示。

图9-1  　　　　　　　　　　　　　　　　　　　　　　图9-2

Tips

在使用"文本工具"输入文本时，所输入的文字颜色默认为黑色（C：0，M：0，Y：0，K：100）。

2.选择文本

在设置文本属性之前，必须要先将需要设置的文本选中，选择文本的方法有3种。

第1种，单击要选择的文本字符的起点位置，然后按住Shift键的同时，再按键盘上的"左方向"键或"右方向"键。

第2种，单击要选择的文本字符的起点位置，然后按住鼠标左键拖动到选择字符的终点位置松开左键，如图9-3所示。

图9-3

第3种，使用"选择工具"单击输入的文本，可以直接选中该文本中的所有字符。

Tips

在以上介绍的方法中，前面两种方法可以选择文本中的部分字符，使用"选择工具"可以选中整个文本。

3.美术文本转换为段落文本

输入美术文本后，若要对美术文本进行段落文本的编辑，可以将美术文本转换为段落文本。

使用"选择工具"选中美术文本，然后单击鼠标右键，在打开的菜单中选择"转换为段落文本"命令，即可将美术文本转换为段落文本（也可以直接按Ctrl+F8组合键），如图9-4所示。

图9-4

除了使用以上的方法，还可以执行"文本>转换为段落文本"菜单命令，将美术文本转换为段落文本。

<table>
<tr><td rowspan="10">

即学即用

（扫码观看视频）

</td><td>

● 世界读书日宣传卡片

实例位置

实例文件 >CH09> 世界读书日宣传卡片 .cdr

素材位置

素材文件 >CH09> 素材 01.cdr

视频名称

世界读书日宣传卡片 .mp4

实用指数

★★★★☆

技术掌握

美术文本的用法

</td></tr>
</table>

最终效果图

01 打开"素材文件>CH09>素材01.cdr"文件，如图9-5所示。

图9-5

02 使用"文本工具"在图像中输入文字"4.23"，然后单击属性栏中的"文本属性"按钮打开"文本属性"泊坞窗，接着在"字符"栏中设置"字体"为Archery Black Rounded、大小为18pt，再设置"均匀填充"颜色为（C: 56, M: 0, Y: 100, K: 0），设置如图9-6所示，效果如图9-7所示。

图9-6

图9-7

03 使用"文本工具" 字 在图像中输入文字"世界读书日"，然后在"文本属性"泊坞窗的"字符"栏中设置"字体"为"方正剪纸简体"、大小为18pt，接着设置"均匀填充"颜色为（C: 56, M: 0, Y: 100, K: 0），最后在"段落"栏设置"字符间距"和"字间距"为100%，设置如图9-8和图9-9所示，效果如图9-10所示。

图9-8

图9-9

图9-10

04 使用"文本工具" 字 在图像中输入英文，然后在"文本属性"泊坞窗的"字符"栏中设置"字体"为18thCentury、大小为14pt，接着设置"均匀填充"颜色为（C: 60, M: 0, Y: 100, K: 0），最后在"段落"栏设置"字符间距"为－20%、"字间距"为50%，设置如图9-11和图9-12所示，最终效果如图9-13所示。

图9-11

图9-12

图9-13

9.1.2 段落文本

当作品中需要输入很多文字时，利用段落文本可以方便快捷地输入和编排，另外段落文本在多页面文件中可以从一个页面流动到另一个页面，编排起来非常方便。

1.输入段落文本

选择"文本工具" 字 ，然后在页面内按住鼠标左键拖动，待松开鼠标后生成文本框，如图9-14所示，此时输入的文本即为段落文本，在段落文本框内输入文本，排满一行后将自动换行，如图9-15所示。

图9-14

图9-15

2.文本框的调整

段落文本只能在文本框内显示，若超出文本框的范围，文本框下方的控制点内会出现一个黑色三角箭头 ▼，向下拖动该箭头，使文本框扩大，可以显示被隐藏的文本，如图9-16和图9-17所示，也可以按住左键拖曳文本框中任意的一个控制点，调整文本框的大小，使隐藏的文本完全显示。

图9-16　　　　　　　　　　　　　　　　　　　图9-17

Tips

段落文本也可以转换为美术文本。首先选中段落文本，然后单击鼠标右键，在打开的菜单中选择"转换为美术字"命令，或者直接按Ctrl+F8组合键，如图9-18所示，也可以执行"文本>转换为美术字"菜单命令。

图9-18

9.2 文本的设置与编辑

在CorelDRAW X7中，无论是美术文字，还是段落文本，都可以对其进行编辑和属性的设置。

9.2.1 形状工具调整文本

使用"形状工具" 选中文本后，每个文字的左下角都会出现一个白色小方块，该小方块称为"字元控制点"。使用鼠标左键单击或是按住鼠标左键拖动框选这些"字元控制点"，使其呈黑色选中状态，即可在属性栏中对所选字元进行旋转、缩放和颜色改变等操作，如图9-19所示。如果拖动文本对象右下角的水平间距箭头 ，可按比列更改字间距；如果拖动文本对象左下角的垂直间距箭头 ，可以按比例更改行距，如图9-20所示。

图9-19 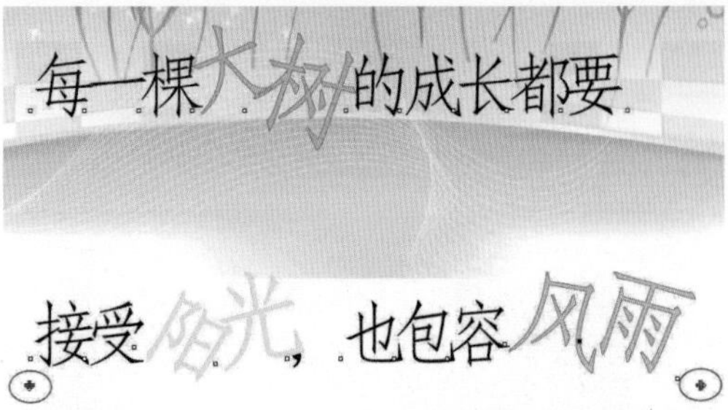   图9-20

技术专题——使用"形状工具"编辑文本

使用"形状工具" 选中文本后，属性栏如图9-21所示。

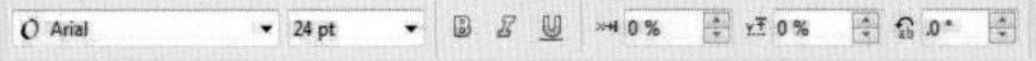

图9-21

当使用"形状工具" 选中文本中任意一个文字的"字元控制点"（也可以框选住多个字元控制点）时，即可在该属性栏中更改所选字元的字体样式和字体大小，如图9-22所示，并且还可以为所选字元设置粗体、斜体和下画线样式，如图9-23所示，在后面的3个选项框中还可以设置所选字元相对于原始位置的距离和倾斜角度，如图9-24所示。

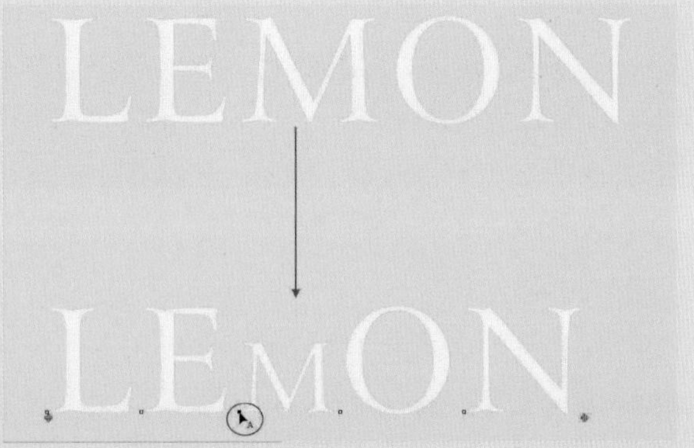

图9-22

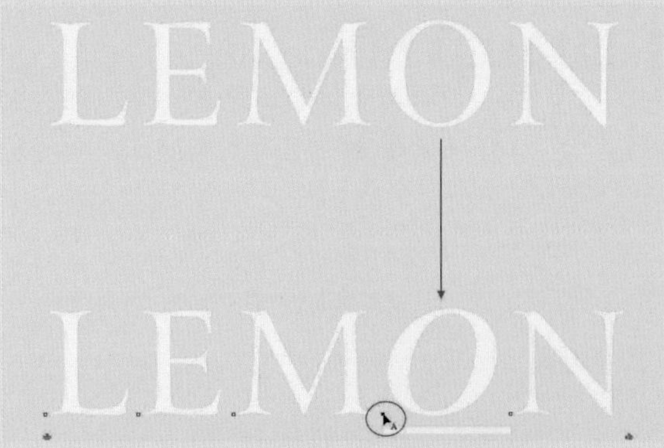

图9-23 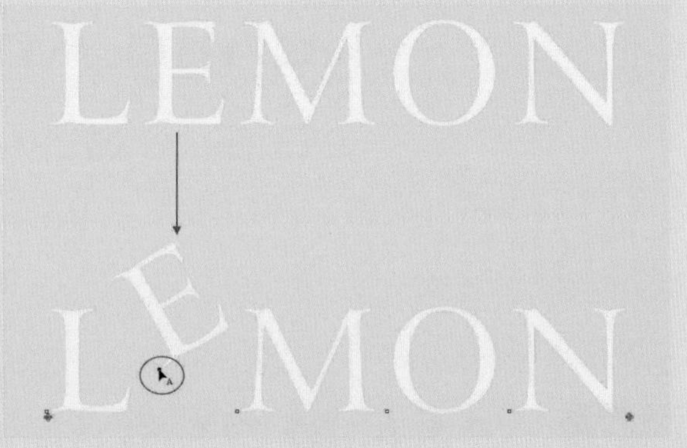   图9-24

除了可以通过"形状工具" 的属性栏调整所选字元的位置外，还可以直接使用鼠标左键单击需要调整的文字的"字元控制点"，然后按住鼠标左键拖动，如图9-25所示，调整到合适位置时松开鼠标，即可更改所选字元的位置，如图9-26所示。

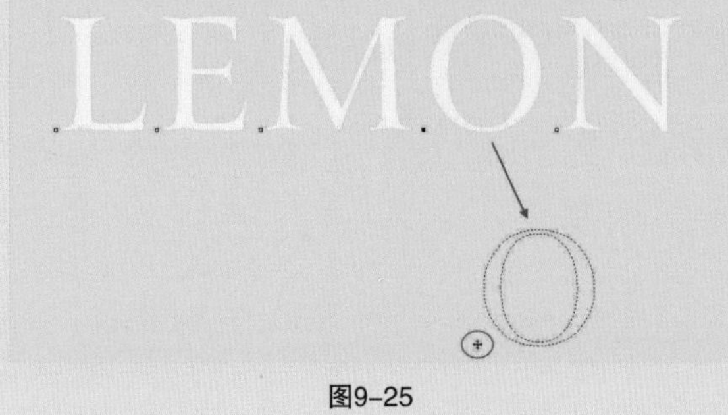

图9-25    图9-26

9.2.2 属性栏设置

"文本工具" [字]属性栏选项如图9-27所示。

图9-27

文本工具属性栏选项介绍

字体列表：为新文本或所选文本选择该列表中的一种字体。单击该选项，可以打开系统装入的字体列表，如图9-28所示。

字体大小：指定字体的大小。单击该选项，即可在打开的列表中选择字号，也可以在该选项框中输入数值，如图9-29所示。

粗体 [B]：单击该按钮即可将所选文本加粗显示。

斜体 [I]：单击该按钮可以将所选文本倾斜显示。

图9-28 　　图9-29

疑难问答 ?

问：为什么有些字体无法设置为"粗体" [B]或斜体 [I]?

答：因为只有当选择的字体本身就有粗体或斜体样式时，才可以进行"粗体"或"斜体"设置，如果选择的字体没有粗体或斜体样式，则无法进行设置。

下画线 [U]：单击该按钮可以为文字添加预设的下画线样式。

文本对齐 [≡]：选择文本的对齐方式。单击该按钮，可以打开对齐方式列表，如图9-30所示。

项目符号列表 [≡]：为新文本或者所选文本添加或是移除项目符号列表格式。

首字下沉 [≣]：为新文本或者所选文本添加或是移除首字下沉设置。

文本属性 [A]：单击该按钮可以打开"文本属性"泊坞窗，在该泊坞窗中可以编辑段落文本和艺术文本的属性，如图9-31所示。

编辑文本 [ab]：单击该按钮，可以打开"编辑文本"对话框，如图9-32所示，在该对话框中可以对选定文本进行修改或是输入新文本。

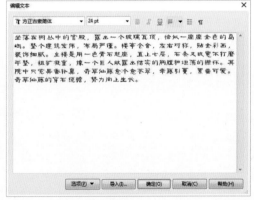

图9-30 　　　　图9-31 　　　　　图9-32

水平方向 [≡]：单击该按钮，可以将新文本或所选文本设置或更改为水平方向（默认为水平方向）。

垂直方向 [Ⅲ]：单击该按钮，可以将新文本或所选文本设置或更改为垂直方向。

交互式OpenType [O]：当某种OpenType功能用于选定文本时，在屏幕上显示指示。

9.2.3 字符设置

在CorelDRAW X7中可以更改文本中文字的字体、字号和添加下画线等字符属性，用户可以在属性栏中单击"文本属性"按钮，或者执行"文本>文本属性"菜单命令，打开"文本属性"泊坞窗，然后展开"字符"的设置面板，如图9-33所示。

> 📣 **Tips**
>
> 在"文本属性"泊坞窗中单击按钮，可以展开对应的设置面板，单击按钮，可以折叠对应的设置面板。

图9-33

字符面板选项介绍

脚本： 在该选项的列表中可以选择要限制的文本类型，如图9-34所示，当选择"拉丁文"时，在该泊坞窗中设置的各选项将只对选择文本中的英文和数字起作用；当选择"亚洲"时，只对选择文本中的中文起作用（默认情况下选择"所有脚本"，即对选择的文本全部起作用）。

字体列表： 可以在打开的字体列表中选择需要的字体样式，如图9-35所示。

图9-34

图9-35

下画线： 单击该按钮，可以在打开的列表中为选中的文本添加其中的一种下画线样式，如图9-36所示。

字体大小： 设置字体的字号，设置该选项可以使用鼠标左键单击后面的按钮；也可以将光标移动到文本边缘，当光标变为↘时，按住鼠标左键拖曳，调整字体大小。

字距调整范围： 扩大或缩小选定文本范围内单个字符之间的间距，设置该选项可以使用鼠标左键单击后面的按钮，也可以当光标变为↕时，按住鼠标左键拖曳，调整字符之间的间距。

图9-36

> 📣 **Tips**
>
> 字符设置面板中的"字距调整范围"选项，只有使用"文本工具"或是"形状工具"选中文本中的文字时，该选项才可用。

填充类型： 用于选择字符的填充类型，如图9-37所示。

填充设置： 单击该按钮，可以打开相应的填充对话框，在打开的对话框中可以对在"文本颜色"中选择的填充样式进行更详细的设置，如图9-38和图9-39所示。

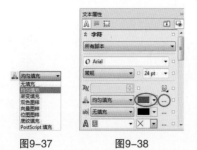

图9-37　　　　　　图9-38　　　　　　　　　　　　　　图9-39

Tips

　　为文本填充颜色除了可以通过"文本属性"泊坞窗来进行填充外，还可以单击状态栏中的"编辑填充"图标 ◇ 打开不同的填充对话框对文本进行填充。也可以直接使用鼠标左键单击调色板上的色样进行填充，如果要为文本轮廓填充颜色，可以使用鼠标右键单击调色板上的色样进行填充。

　　背景填充类型：用于选择字符背景的填充类型，如图9-40所示。

　　填充设置 ：单击该按钮，可以打开相应的填充对话框，在打开的对话框中可以对字符背景的填充颜色或填充图样进行更详细的设置，如图9-41和图9-42所示。

　　轮廓宽度：可以在该选项的下拉列表中选择系统预设的宽度值作为文本字符的轮廓宽度，也可以在该选项数值框中输入数值进行设置，如图9-43所示。

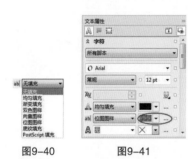

图9-40　　　　　　图9-41　　　　　　　　　　图9-42　　　　　　　　图9-43

　　轮廓颜色：可以从该选项的颜色挑选器中选择颜色为所选字符的轮廓填充颜色，如图9-44所示，也可以单击"更多"按钮 更多(O)... ，打开"选择颜色"对话框，从该对话框中选择颜色，如图9-45所示。

　　轮廓设置 ：单击该按钮，可以打开"轮廓笔"对话框，如图9-46所示。

　　大写字母 ：更改字母或英文文本为大写字母或小型大写字母，如图9-47所示。

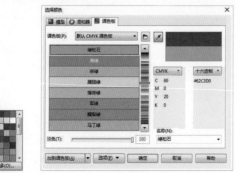

图9-44　　　　　　图9-45　　　　　　　　　　图9-46　　　　　　　　图9-47

疑难问答 ?

问：可以设置文本的大小写吗？

答：设置文本的大小写可以执行"文本>更改大小写"菜单命令，打开"更改大小写"对话框，然后在该对话框中为所选文本设置大小写样式，如图 9-48 所示。

图9-48

位置 x_2：更改选定字符相对于周围字符的位置，如图9-49所示。

图9-49

9.2.4 段落设置

在CorelDRAW X7中可以更改文本中文字的字距、行距和段落文本断行等段落属性，用户可以执行"文本>文本属性"菜单命令，打开"文本属性"泊坞窗，然后展开"段落"的设置面板，如图9-50所示。

段落面板选项介绍

图9-50

无水平对齐 ：使文本不与文本框对齐（该选项为默认设置）。

左对齐 ：使文本与文本框左侧对齐。

居中 ：使文本置于文本框左右两侧之间的中间位置。

右对齐 ：使文本与文本框右侧对齐。

两端对齐 ：使文本与文本框两侧对齐（最后一行除外）。

📣 **Tips**

设置文本的对齐方式为"两端对齐"时，如果在输入的过程中按Enter键进行过换行，则设置该选项后"文本对齐"为"左对齐"样式。

强制两端对齐 ：使文本与文本框的两侧同时对齐。

调整间距设置 ：单击该按钮，可以打开"间距设置"对话框，在该对话框中可以进行文本间距的自定义设置，如图9-51所示。

水平对齐：单击该选项后面的按钮，可以在下拉列表中为所选文本选择一种对齐方式，如图9-52所示。

最大字间距：设置文字间的最大间距。

最小字间距：设置文字间的最小间距。

最小字符间距：设置单个文本字符之间的间距。

图9-51　　图9-52

📣 **Tips**

在"间距设置"对话框中，"最大字间距""最小字间距"和"最大字符间距"只有在"水平对齐"选择"全部调整"和"强制调整"时才可用。

首行缩进：设置段落文本的首行相对于文本框左侧的缩进距离（默认为0mm），该选项的范围为0~25 400mm。

左行缩进：设置段落文本（首行除外）相对于文本框左侧的缩进距离（默认为0mm），该选项的范围为0~25 400mm。

右行缩进：设置段落文本相对于文本框右侧的缩进距离（默认为0mm），该选项的范围为0~25 400mm。

垂直间距单位：设置文本间距的度量单位。

行距：指定段落中各行之间的间距值，该选项的设置范围为0~2000%。

段前间距：指定在段落上方插入的间距值，该选项的设置范围为0~2000%。

段后间距：指定在段落下方插入的间距值，该选项的设置范围为0~2000%。

字符间距：指定一个词中单个文本字符之间的间距，该选项的设置范围为–100%~2000%。

语言间距：控制文档中多语言文本的间距，该选项的设置范围为0~2000%。

字间距：指定单个字之间的间距，该选项的设置范围为0~2000%。

即学即用

● 制作诗歌书籍内页

实例位置

实例文件 >CH09> 制作诗歌书籍内页 .cdr

素材位置

素材文件 >CH09> 素材 02.cdr

视频名称

制作诗歌书籍内页 .mp4

实用指数

★ ★ ★ ★ ☆

技术掌握

文本工具的用法

（扫码观看视频）

最终效果图

01 打开"素材文件>CH09>素材02.cdr"文件，如图9-53所示，然后使用"文本工具" 在页面中绘制一个文本框，接着在文本框中输入诗歌，如图9-54所示。

图9-53

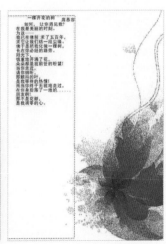

图9-54

02 选中所有文字，然后单击属性栏中的"文本属性"按钮
图打开"文本属性"泊坞窗，接着在"字符"栏中设置"字体"
为"方正姚体简体"、"均匀填充"颜色为（C：3，M：45，Y：
48，K：0），设置如图9-55所
示，效果如图9-56所示。

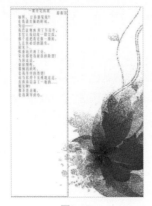

图9-55　　　　　　　　图9-56

03 选中题目，然后在"字符"栏中设置字体大小为22pt，
设置如图9-57所示，效果如图9-58所示。

图9-57　　　　　　　　图9-58

04 选中作者，然后在"字符"栏中设置字体大小为14pt，
设置如图9-59所示，效果如图9-60所示。

图9-59　　　　　　　　图9-60

05 选中正文，然后在"字符"栏中设置字体大小为17pt，
设置如图9-61所示，效果如图9-62所示。

图9-61　　　　　　　　图9-62

06 选中所有文字，然后在"段落"栏设置"字符间距"为
20%、"段前间距"为100%，设置如图9-63所示，效果如图9-64
所示，接着使用"选择工具"选中文字，执行"对象>转换为
曲线"菜单命令，最终效果如图9-65所示。

图9-63　　　　　　　　图9-64　　　　　　　　图9-65

9.3 文本编排

在CorelDRAW X7中，可以进行页面操作、页面设置、页码操作以及文本的特殊处理等。

9.3.1 页面操作与设置

在CorelDRAW X7中，可以对页面进行多项操作，这样在使用CorelDRAW X7进行文本编排和图形绘制时会更加方便快捷。

1.插入页面

执行"布局>插入页面"菜单命令，即可打开"插入页面"对话框，如图9-66所示。

图9-66

插入页面对话框选项介绍

页码数：设置插入页面的数量。

之前：将页面插入到所在页面的前面一页。

之后：将页面插入到所在页面的后面一页。

现存页面：在该选项中设置好页面后，所插入的页面将在该页面之后或之前。

大小：设置将要插入的页面的大小，如图9-67所示。

宽度：设置插入页面的宽度。

高度：设置插入页面的高度。

单位：设置插入页码的"高度"和"宽度"的量度单位，如图9-68所示。

 Tips

在该对话框中如果设置后的页面尺寸为"纵向"，此时单击"横向"按钮▭可以交换"高度"和"宽度"的数值；如果设置后的页面尺寸为"横向"，此时单击"纵向"按钮▯也可以交换"高度"和"宽度"的数值。

图9-67　　　　图9-68

2.删除页面

执行"布局>删除页面"菜单命令，打开"删除页面"对话框，如图9-69所示，在"删除页面"选项的数值框中设置好要删除的页面的页码，然后单击"确定"按钮 ▭确定，即可删除该页面；如果勾选"通到页面"，并在该数值框中设置好页码，即可将"删除页面"到"通到页面"的所有页面删除。

图9-69

Tips

按照以上对话框中的设置，即可将页面1到页面3的所有页面删除，需要注意的是"通到页面"中的数值不能小于"删除页面"中的数值。

3.转到某页

执行"布局>转到某页"菜单命令，即可打开"转到某页"对话框，如图9-70所示，在该对话框中设置好页面的页码数然后单击"确定"按钮 ，即可将当前页面切换到设置的页面。

图9-70

4.切换页面方向

执行"布局>切换页面方向"菜单命令，即可在"横向"页面和"纵向"页面之间进行切换，如果要更快捷地切换页面方向，可以直接单击属性栏上的"纵向"按钮▢和"横向"按钮▢切换页面方向。

5.布局

在菜单栏中执行"布局>页面设置"菜单命令，打开"选项"对话框，然后单击左侧的"布局"选项，展开该选项的设置页面，如图9-71所示。

图9-71

布局选项组选项介绍

布局：单击该选项，可以在打开的列表中单击选择一种作为页面的样式，如图9-72所示。

对开页：勾选该选项的复选框，可以将页面设置为对开页。

起始于：单击该选项，在打开的列表中可以选择对开页样式起始于"左边"或是"右边"，如图9-73所示。

图9-72　　　　　　　　图9-73

6.背景

执行"布局>页面设置"菜单命令，将打开"选项"对话框，然后单击右侧的"背景"选项，可以展开该选项的设置页面，如图9-74所示。

图9-74

背景选项组选项介绍

无背景：勾选该选项后，单击"确定"按钮 ，即可将页面的背景设置为无背景。

纯色：勾选该选项后，可以在右侧的颜色挑选器中选择一种颜色作为页面的背景颜色（默认为白色），如图9-75所示。

位图：勾选该选项后，可以单击右侧的"浏览"按钮 ，打开"导入"对话框，然后导入一张位图作为页面的背景。

默认尺寸：将导入的位图以系统默认的尺寸设置为页面背景。

自定义尺寸：勾选该选项后，可以在"水平"和"垂直"的数值框中自定义位图的尺寸（当导入位图后，该选项才可用），如图9-76所示。

图9-75   图9-76

保持纵横比：勾选该选项的复选框，可以使导入的图片不会因为尺寸的改变，而出现扭曲变形的现象。

9.3.2 页码操作

在实际操作中，经常会遇到页码不够用的情况，此时就需要插入增加页码，同时页码的样式也可以修改。

1.插入页码

执行"布局>插入页码"菜单命令，可以看到4种不同的页码插入方式，执行这4种插入命令中的任意一种，即可插入页码，如图9-77所示。

图9-77

第1种，执行"布局>插入页码>位于活动图层"菜单命令，可以让插入的页码只位于活动图层下方的中间位置。

🔊 Tips

插入的页码均默认显示在相应页面下方的中间位置，并且插入的页码与其他文本相同，都可以使用编辑文本的方法对其进行编辑。

第2种，执行"布局>插入页码>位于所有页"菜单命令，可以使插入的页码位于每一个页面下方。

第3种，执行"布局>插入页码>位于所有奇数页"菜单命令，可以使插入的页码位于每一个奇数页面下方。

第4种，执行"布局>插入页码>位于所有偶数页"菜单命令，可以使插入的页码位于每一个偶数页面下方。

🔊 Tips

如果要执行"布局>插入页码>位于所有偶数页"菜单命令或执行"布局>插入页码>位于所有奇数页"菜单命令，就必须使页面总数为偶数或奇数，并且页面不能设置为"对开页"。

2.页码设置

执行"布局>页码设置"菜单命令，打开"页码设置"对话框，可以在该对话框中设置页码的"起始页编号"和"起始页"，单击"样式"选项右侧的下拉按钮，可以打开页码样式列表，在列表中可以选择一种样式作为插入页码的样式，如图9-78所示。

图9-78

9.3.3 文本绕图

文本绕图就是段落文本围绕图形进行排列，以此来使画面更加美观。

输入一段文本，然后绘制任意图形或是导入位图图像，将图形或图像放置在段落文本上，使其与段落文本重叠，接着单击属性栏上的"文本换行"按钮📱，打开"换行样式"选项面板，如图9-79所示，单击面板中除"无"按钮■外的任意一个按钮即可选择一种文本绕图效果。

图9-79

换行样式选项面板选项介绍

无■：取消文本绕图效果。

轮廓图：使文本围绕图形的轮廓进行排列。

文本从左向右排列■：使文本沿对象轮廓从左向右排列。

文本从右向左排列■：使文本沿对象轮廓从右向左排列。

跨式文本■：使文本沿对象的整个轮廓排列。

正方形：使文本围绕图形的边界框进行排列。

文本从左向右排列■：使文本沿对象边界框从左向右排列。

文本从右向左排列■：使文本沿对象边界框从右向左排列。

跨式文本■：使文本沿对象的整个边界框排列。

上/下■：使文本沿对象的上下两个边界框排列。

文本换行偏移：设置文本到对象轮廓或对象边界框的距离，设置该选项可以单击后面的按钮■；也可以当光标变为✦时，拖曳鼠标进行设置。

● 制作儿童节宣传卡片

实例位置

实例文件>CH09>制作儿童节宣传卡片.cdr

素材位置

素材文件>CH09>素材03.cdr、04.cdr

视频名称

制作儿童节宣传卡片.mp4

实用指数

★★★★☆

技术掌握

文本绕图的用法

最终效果图

01 打开"素材文件>CH09>素材03. cdr"文件，如图9-80所示，然后倒入 "素材文件>CH09>素材04.cdr"文件，效 果如图9-81所示。

图9-80

图9-81

02 选中文字中的图片，然后单击属性栏中的"文本换行" 按钮，接着在打开的"换行样式"选项面板选择"跨式文 本"，如图9-82所示，效果如图9-83所示。

03 使用"选择工具"选中所有文字，然后执行"对象> 转换为曲线"，最终效果如图9-84所示。

图9-82

图9-83

图9-84

9.3.4 文本适合路径

在输入文本时，可以将文本沿着开放路径或闭合路径的形状进行分布，通过路径调整文字的排列即可创建不同排列形态的文本效果。

1.直接填入路径

绘制一个矢量对象，然后选择"文本工具"，接着将光标移动到对象路径的边缘，待光标变为 I₄ 时，如图9-85所示，单击对象的路径，即可在对象的路径上直接输入文字，输入的文字依路径的形状进行分布，如图9-86所示。

图9-85　　　　　　　　　图9-86

2.执行菜单命令

选中文本，然后执行"文本>使文本适合路径"菜单命令，当光标变为 ➜₄ 时，移动到目标路径上，在对象上移动光标，可以改变文本沿路径的距离和相对路径终点和起点的偏移量（还会显示与路径距离的数值），如图9-87所示。

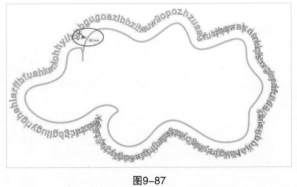

图9-87

3.右键填入文本

选中文本，然后按住鼠标右键拖动文本到要填入的路径，待光标变为 ⊕ 时松开鼠标，接着在打开的菜单中选择"使文本适合路径"命令，如图9-88所示，即可在路径中填入文本，如图9-89所示。

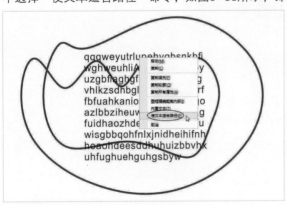

图9-88

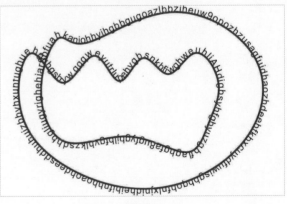

图9-89

Tips

注意，在执行"使文本适合路径"命令时，如果文本是段落文本，只可在开放路径对象上使用，在封闭的路径对象上不可用。

4.沿路径文本属性设置

沿路径文本属性栏如图9-90所示。

图9-90

沿路径文本属性栏选项介绍

文本方向：指定文本的总体朝向，如图9-91所示。

图9-91

与路径的距离：指定文本和路径间的距离，当参数为正值时，文本向外扩散，如图9-92所示；当参数为负值时，文本向内收缩，如图9-93所示。

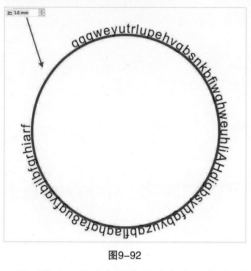

图9-92

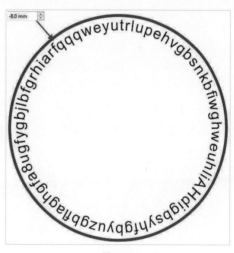

图9-93

偏移：通过指定正值或负值来移动文本，使其靠近路径的终点或起点，当参数为正值时，文本按顺时针方向旋转偏移；当参数为负值时，文本按逆时针方向偏移。

水平镜像文本：单击该按钮可以使文本从左到右翻转。

垂直镜像文本：单击该按钮可以使文本从上到下翻转。

贴齐标记：指定文本到路径间的距离，单击该按钮，打开"贴齐标记"选项面板，如图9-94所示，单击"打开贴齐标记"即可在"记号间距"数值框中设置贴齐的数值，此时在调整文本与路径之间的距离时会按照设置的"记号间距"自动捕捉文本与路径之间的距离，若单击"关闭贴齐标记"即可关闭该功能。

图9-94

在该属性栏右侧的"字体列表"和"字体大小"选项中可以设置沿路径文本的字体和字号。

即学即用

（扫码观看视频）

● 制作保护环境图标

实例位置
实例文件 >CH09> 制作保护环境图标 .cdr
素材位置
素材文件 >CH09> 素材 05.cdr
视频名称
制作保护环境图标 .mp4
实用指数
★★★★☆
技术掌握
文本适合路径的用法

最终效果图

01 新建一个大小为265mm×300mm的文档，然后使用"椭圆形工具"  在页面中绘制一个圆，接着填充颜色为(C: 40, M: 0, Y: 40, K: 0)，再设置"轮廓线宽度"为2.5mm、轮廓线颜色为(C: 100, M: 0, Y: 100, K: 0)，如图9-95所示。

02 将上一步绘制的圆向圆心同比例缩小复制一个，然后填充颜色为（C: 100, M: 0, Y: 100, K: 0），去掉轮廓线，接着将该圆向圆心同比例缩小再复制一个，填充颜色为（C: 20, M: 0, Y: 20, K: 0），如图9-96所示，最后 "素材文件>CH09>素材05.cdr" 文件，效果如图9-97所示。

图9-95

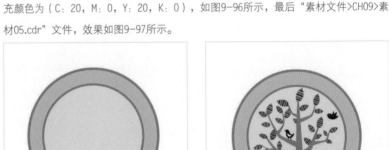

图9-96

图9-97

03 使用"文本工具" 输入文字，如图9-98所示，然后选中文字执行"文本>使文本适合路径"菜单命令，当光标变为 时，移动到最外面的圆上，如图9-99所示，效果如图9-100所示。

GREEN TRAVEL, START FROM ME

图9-98

图9-99

图9-100

04 将路径字体颜色改为白色，如图9-101所示，然后使用"钢笔工具" ![pen] 在标题形状上绘制一条曲线，如图9-102所示。

图9-101

图9-102

05 使用"文本工具" ![text] 输入文字，如图9-103所示，然后选中文字执行"文本>使文本适合路径"菜单命令，当光标变为 ![cursor] 时，移动到最外面的圆上，效果如图9-104所示。

05 将路径字体更改为绿色，然后删除路径，接着输入文字，最终效果如图9-105所示。

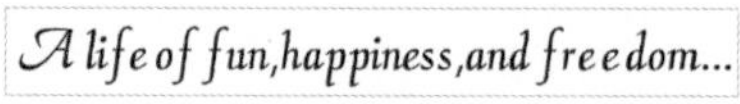

A life of fun,happiness,and freedom...

图9-103

图9-104

图9-105

9.3.5 段落文本链接

如果页面中存在大量文本，可以将其分为不同的部分进行显示，还可以对其添加文本链接效果。

1.链接段落文本框

单击文本框下方的黑色三角箭头 ![arrow] ，当光标变为 ![cursor] 时，如图9-106所示，在文本框以外的空白处单击鼠标左键会产生另一个文本框，或者拖动鼠标绘制一个新文本框，新的文本框内显示前一个文本框中被隐藏的文字，如图9-107所示。

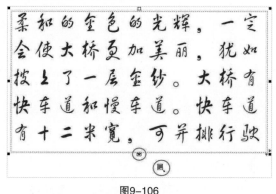

图9-106

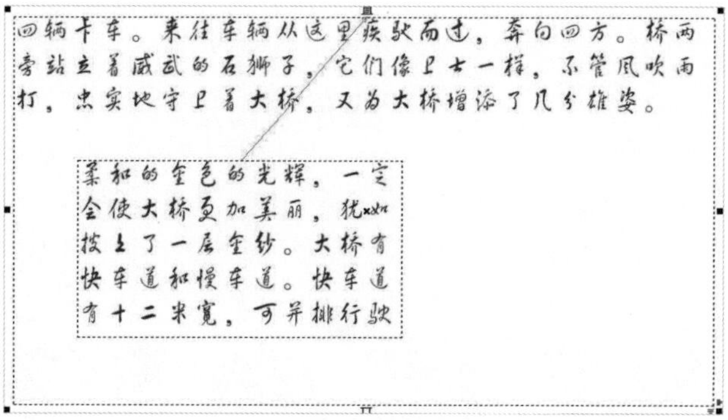

图9-107

2.与闭合路径链接

单击文本框下方的黑色三角箭头 ![arrow] ，当光标变为 ![cursor] 时，移动到想要链接的对象上，待光标变为箭头形状 ![arrow] 时单击链接对象，如图9-108所示，即可在对象内显示前一个文本框中被隐藏的文字，如图9-109所示。

图9-108　　　　　　　　　　　　　　　　图9-109

3.与开放路径链接

绘制一条曲线，然后单击文本框下方的黑色三角箭头 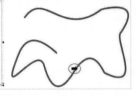，当光标变为 时，移动到曲线上，待光标变为箭头形状 时单击曲线，如图9-110所示，即可在曲线上显示前一个文本框中被隐藏的文字，如图9-111所示。

图9-110　　　　　　　　　　　　　　　　图9-111

📣 **Tips**

将文本链接到开放的路径时，路径上的文本就具有"使文本适合路径"的特性，当选中该路径文本时，属性栏的设置和"使文本适合路径"的属性栏相同，此时可以在属性上对该路径上的文本进行相关设置。

9.4　文本转曲操作

美术文本和段落文本都可以转换为曲线，转曲后的文字无法再进行文本的编辑，但是，转曲后的文字具有曲线的特性，可以使用编辑曲线的方法对其进行编辑。

9.4.1　文本转曲的方法

选中美术文本或段落文本，然后单击鼠标右键，在打开的菜单中选择"转换为曲线"命令，即可将选中文本转换为曲线，如图9-112所示；也可以执行"对象>转换为曲线"菜单命令，还可以直接按Ctrl+Q组合键将其转换为曲线，转曲后的文字可以使用"形状工具" 对其进行编辑，如图9-113所示。

图9-112　　　　　　　　　　　　　　　　图9-113

9.4.2 艺术字体设计

艺术字体设计表达的含义丰富多彩，常用于表现产品属性和企业经营性质。运用夸张、明暗、增减笔画形象以及装饰等手法，以丰富的想象力，重新构成字形，既加强文字的特征，又丰富了标准字体的内涵。

艺术字广泛应用于宣传、广告、商标、标语、企业名称、展览会，以及商品包装和装潢等领域。在CorelDRAW X7中，利用文本转曲的方法，可以在原有字体样式上对文字进行编辑和再创作，如图9-114所示。

图9-114

9.5　创建表格

创建表格的方法有多种，既可以使用表格工具直接进行创建，也可以使用相关菜单命令进行创建。

9.5.1 表格工具创建

选择"表格工具"，当光标变为时，在页面中按住鼠标左键拖曳，松开鼠标即可完成创建，如图9-115所示。创建表格后可以在属性栏中修改表格的行数和列数，还可以对单元格进行合并、拆分等操作。

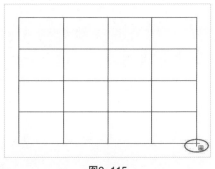

图9-115

9.5.2 菜单命令创建

执行"表格>创建新表格"菜单命令，打开"创建新表格"对话框，在该对话框中可以对将要创建的表格进行"行数""栏数"以及"高度"和"宽度"的设置，设置好后单击"确定"按钮，如图9-116所示，即可创建表格，效果如图9-117所示。

图9-116

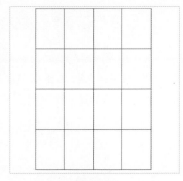

图9-117

9.6 文本表格互转

在CorelDRAW X7中，文本与表格两者之间可以相互转换。

9.6.1 表格转换为文本

执行"表格>创建新表格"菜单命令，打开"创建新表格"对话框，然后设置"行数"为3、"栏数"为4、"宽度"为100mm、高度为130mm，接着单击"确定"按钮，如图9-118所示。

图9-118

在表格的单元格中输入文本，如图9-119所示，然后执行"表格>将表格转换为文本"菜单命令，打开"将表格转换为文本"对话框，接着勾选"用户定义"选项，再输入符号"*"，最后单击"确定"按钮，如图9-120所示，转换后的效果如图9-121所示。

1月	2月	3月	4月
5月	6月	7月	8月
9月	10月	11月	12月

图9-119

图9-120

1月*2月*3月*4月
5月*6月*7月*8月
9月*10月*11月*12月

图9-121

Tips

在表格的单元格中输入文本，可以使用"表格工具"单击该单元格，当单元格中显示一个文本插入点时，即可输入文本，如图9-122所示；也可以使用"文本工具"单击该单元格，当单元格中显示一个文本插入点和文本框时，即可输入文本，如图9-123所示。

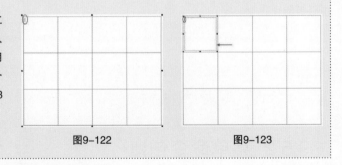

图9-122

图9-123

9.6.2 文本转换为表格

选中前面转换的文本，然后执行"表格>文本转换为表格"菜单命令，打开"将文本转换表格"对话框，接着勾选"用户定义"选项，再输入符号"*"，最后单击"确定"按钮，如图9-124所示，转换后的效果如图9-125所示。

图9-124

1月	2月	3月	4月
5月	6月	7月	8月
9月	10月	11月	12月

图9-125

9.7 表格设置

表格创建完成之后，依然可以对它的行数、列数以及单元格属性等进行设置。

9.7.1 表格属性设置

"表格工具"的属性栏如图9-126所示。

图9-126

表格工具属性栏选项介绍

行数和列数：设置表格的行数和列数。

背景：设置表格背景的填充颜色。

编辑颜色：单击该按钮可以打开"均匀填充"对话框，在该对话框中可以对已填充的颜色进行设置，也可以重新选择颜色为表格背景填充。

边框：用于调整显示在表格内部和外部的边框，单击该按钮，可以在下拉列表中选择所要调整的表格边框（默认为外部）如图9-127所示。

图9-127

轮廓宽度：单击该选项按钮，可以在打开的列表中选择表格的轮廓宽度，也可以在该选项的数值框中输入数值。

轮廓颜色：单击该按钮，可以在打开的颜色挑选器中选择一种颜色作为表格的轮廓颜色。

轮廓笔：双击状态栏下的轮廓笔工具，打开"轮廓笔"对话框，在该对话框中可以设置表格轮廓的各种属性。

> **Tips**
>
> 打开"轮廓笔"对话框，可以在"样式"选项的列表中为表格的轮廓选择不同的线条样式，拖曳右侧的滚动条可以显示例表中隐藏的线条样式，如图9-128所示，选择线条样式后，单击"确定"按钮，即可将该线条样式设置为表格轮廓的样式。
>
> 图9-128

在属性栏中单击选项·按钮，可以在下拉列表中设置"在键入数据时自动调整单元格大小"或"单独的单元格边框"，如图9-129所示。

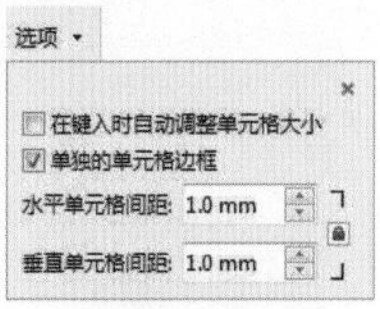

在键入时自动调整单元格大小：勾选该选项后，在单元格内输入文本时，单元格的大小会随输入的文字的多少而变化；若不勾选该选项，文字输入满单元格时继续输入的文字会被隐藏。

图9-129

单独单元格边距：勾选该选项，可以在"水平单元格间距"和"垂直单元格间距"的数值框中设置单元格间的水平距离和垂直距离。

9.7.2 选择单元格

使用"表格工具"选中表格，将光标移动到要选择的单元格中，待光标变为加号形状时，单击鼠标左键即可选中该单元格，如果要选择多个单元格，按住鼠标左键拖曳光标即可，如图9-130所示。

使用"表格工具"▦选中表格时，将光标移动到表格左侧，待光标变为向右的箭头➡时，单击鼠标左键，即可选中当行单元格，如图9-131所示；如果按住左键拖曳，可将光标经过的单元格按行选择。

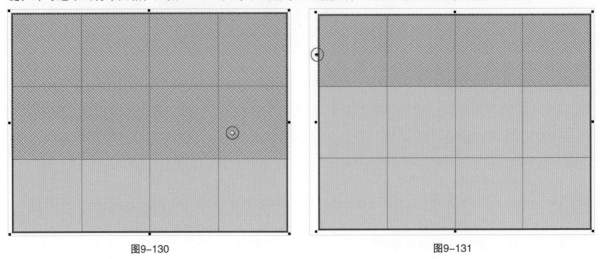

图9-130　　　　　　　　　　　　　　　　　　　图9-131

将光标移动到表格上方，待光标变为向下的箭头⬇时，单击鼠标左键，即可选中当列单元格，如图9-132所示；如果按住左键拖曳，可将光标经过的单元格按列选择。

将光标移动到表格的边框对角线上，待光标变为↖箭头形状时，单击鼠标左键，即可选择整个表格，如图9-133所示。

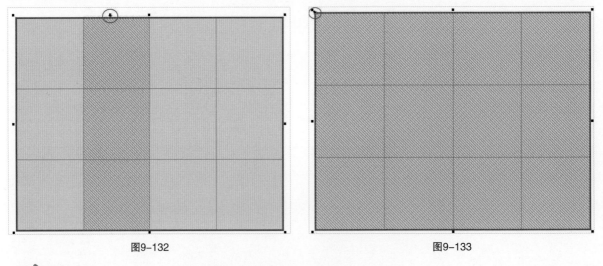

图9-132　　　　　　　　　　　　　　　　　　　图9-133

Tips

除了以上选择单元格的方法，还可以通过执行"表格>选择"菜单命令来选择单元格，如图9-134所示，可以观察到该菜单列表中的各种选择命令，分别执行该列表中的各项命令可以进行不同的选择。需要注意的是，在执行"选择"菜单命令之前，必须要选中表格或单元格，该命令才可用。

选择(S)	▶	▦ 单元格(E)
		▦ 行(R)
		▦ 列(C)
		▦ 表格(T)

图9-134

9.7.3 单元格属性栏设置

选中单元格后，"表格工具"  的属性栏如图9-135所示。

图9-135

单元格属性栏选项介绍

页边距 页边距·：指定所选单元格内的文字到4个边的距离，单击该按钮，打开设置面板，单击中间的按钮 🔒，即可以对其他3个选项进行不同的数值设置。

合并单元格 🔳：单击该按钮，可以将所选单元格合并为一个单元格。

水平拆分单元格 ▭：单击该按钮，打开"拆分单元格"对话框，选择的单元格将按照该对话框中设置的行数进行拆分。

垂直拆分单元格 ▯：单击该按钮，打开"拆分单元格"对话框，选择的单元格将按照该对话框中设置的行数进行拆分。

撤销合并 🔳：单击该按钮，可以将当前单元格还原为没合并之前的状态（只有当选中合并过的单元格，该按钮才可用）。

即学即用

● 制作卡通课表

实例位置
实例文件 >CH09> 制作卡通课表 .cdr
素材位置
素材文件 >CH09> 素材 06.cdr
视频名称
制作卡通课表 .mp4
实用指数
★★★★☆
技术掌握
表格的绘制方法

（扫码观看视频）

最终效果图

221

01 打开"素材文件>CH09>素材06.cdr"文件，如图9-136所示。

图9-136

02 使用"表格工具" 🔲 在页面中绘制一个9行6列的表格，然后选中第1列的第2行到第5行单元格，如图9-137所示，接着单击属性栏中的"合并单元格"按钮 🔲 合并选中的单元格，效果如图9-138所示。

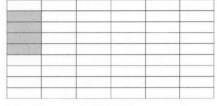

图9-137

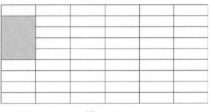

图9-138

03 使用上一步相同的方法合并其他的单元格，如图9-139所示，然后将第5行向下拖曳、第7行向上拖曳，使第6行变窄，如图9-140所示。

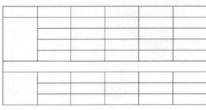

图9-139

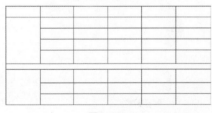

图9-140

04 选中前5行，然后单击鼠标右键，在打开的菜单中执行"分布>行均分"菜单命令，如图9-141所示，接着使用相同的方法将第7行到第9行也进行"行均分"操作，效果如图9-142所示。

图9-141

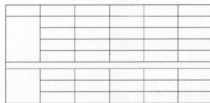

图9-142

05 在绘制完成的表格中输入文字，如图9-143所示，接着将表格拖曳到第1步导入的素材中，最终效果如图9-144所示。

时 间	星期一	星期二	星期三	星期四	星期五
上午					
午 休					
下午					

图9-143

图9-144

9.8 表格操作

在学习了表格的设置之后，接下来可以对表格进行更深入的操作，如插入行和列、删除单元格以及填充表格。

9.8.1 插入命令

任意选中一个或多个单元格，然后执行"表格>插入"菜单命令，可以观察到在"插入"菜单命令的列表中有多种插入方式，如图9-145所示。

图9-145

1.行上方

任意选中一个单元格，然后执行"表格>插入>行上方"菜单命令，可以在所选单元格的上方插入行，并且插入的行与所选单元格所在的行属性（例如，填充颜色、轮廓宽度、高度和宽度等）相同，如图9-146所示。

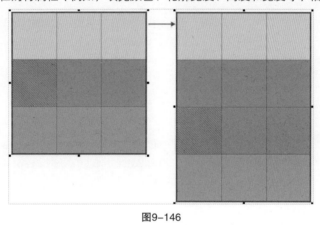

图9-146

2.行下方

任意选中一个单元格，然后执行"表格>插入>行下方"菜单命令，可以在所选单元格的下方插入行，并且插入的行与所选单元格所在的行属性相同，如图9-147所示。

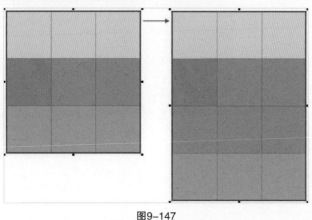

图9-147

3.列左侧

任意选中一个单元格，然后执行"表格>插入>列左侧"菜单命令，可以在所选单元格的左侧插入列，并且插入的列与所选单元格所在的列属性相同，如图9-148所示。

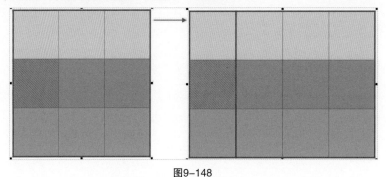

图9-148

4.列右侧

选中任意一个单元格，然后执行"表格>插入>列右侧"菜单命令，可以在所选单元格的右侧插入列，并且所插入的列与所选单元格所在的列属性相同，如图9-149所示。

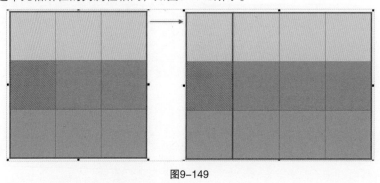

图9-149

5.插入行

任意选中一个单元格，然后执行"表格>插入>插入行"菜单命令，打开"插入行"对话框，接着设置相应的"行数"，再勾选"在选定行上方"或"在选定行下方"，最后单击"确定"按钮 确定 ，如图9-150所示，即可插入行，如图9-151所示。

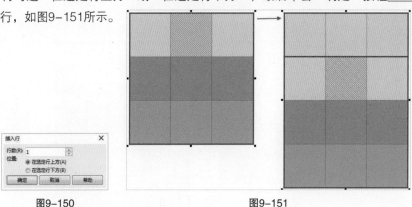

图9-150

图9-151

6.插入列

任意选中一个单元格，然后执行"表格>插入>插入列"菜单命令，打开"插入列"对话框，接着设置相应的"栏数"，再勾选"在选定列左侧"或"在选定列右侧"，最后单击"确定"按钮 确定 ，如图9-152所示，即可插入列，如图9-153所示。

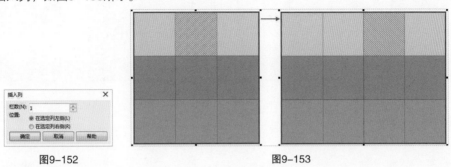

图9-152　　　　　　　　　　　　　图9-153

9.8.2 删除单元格

使用"表格工具" 选中将要删除的单元格，然后按Delete键即可删除。也可以任意选中一个或多个单元格，然后执行"表格>删除"菜单命令，在该命令的列表中执行"行""列"或"表格"菜单命令，如图9-154所示，即可对选中单元格所在的行、列或表格进行删除。

图9-154

9.8.3 移动边框位置

使用"表格工具" 选中表格，移动光标至表格边框，待光标变为垂直箭头 或水平箭头 时，按住鼠标左键拖曳，可以改变该边框位置，如图9-155所示；如果将光标移动到单元格边框的交叉点上，待光标变为倾斜箭头 时，按住鼠标左键拖曳，可以改变交叉点上两条边框的位置，如图9-156所示。

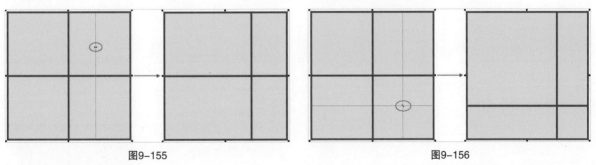

图9-155　　　　　　　　　　　　　图9-156

9.8.4 分布命令

当表格中的单元格大小不一时，可以使用分布命令对表格中的单元格进行调整。

使用"表格工具"▦选中表格中所有的单元格，然后执行"表格>分布>行均分"菜单命令，即可均匀分布表格中所有的行，如图9-157所示；如果执行"表格>分布>列均分"菜单命令，即可均匀分布表格中所有的列，如图9-158所示。

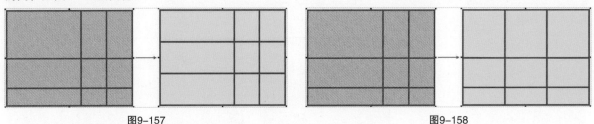

图9-157 图9-158

Tips

在执行表格的"分布"菜单命令时，选中的单元格行数和列数必须要在两个或两个以上，"行均分"和"列均分"菜单命令才处于可执行状态。

9.8.5 填充表格

绘制好表格后，可以填充单元格和表格轮廓。

1.填充单元格

使用"表格工具"▦选中表格中的任意一个单元格或整个表格，然后在调色板上单击鼠标左键，即可为选中单元格或整个表格填充单一颜色，如图9-159所示；也可以双击状态栏中的"填充工具"图标◇，打开不同的填充对话框，然后在相应的对话框中为所选单元格或整个表格填充单一颜色、渐变颜色或图样，如图9-160到图9-162所示。

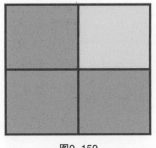   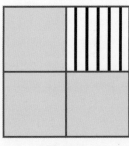

图9-159 图9-160 图9-161 图9-162

2.填充表格轮廓

填充表格的轮廓颜色除了可以通过属性栏填充以外，还可以通过调色板进行填充，首先使用"表格工具"▦选中表格中的任意一个单元格或整个表格，然后在调色板中单击鼠标右键，即可为选中单元格或整个表格的轮廓填充单一颜色，如图9-163所示。

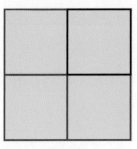

图9-163

即学即用

● 制作明信片

实例位置
实例文件 >CH09> 制作明信 .cdr

素材位置
素材文件 >CH09> 素材 07.cdr、08.cdr

视频名称
制作明信 .mp4

实用指数
★★★★☆

技术掌握
表格的绘制及设置的方法

最终效果图

01 绘制背景。新建一个大小为350mm×300mm的空白文档，然后在页面中使用"矩形工具" □ 绘制一个大小为297mm×217mm的矩形，接着填充颜色为（C：3，M：0，Y：8，K：0），再去掉轮廓线，如图9-164所示。

图9-164

02 选中绘制好的矩形，执行"位图>转换为位图"菜单命令将其转换为位图，然后执行"位图>底纹>折皱"菜单命令，接着在打开的"折皱"对话框中设置"年龄"为30、"随机化"为20、颜色为（C：2，M：0，Y：7，K：0），设置如图9-165所示，效果如图9-166所示。

图9-165

图9-166

03 使用"钢笔工具" ♦ 在页面中绘制如图9-167所示的形状，然后从上到下依次填充颜色为（C：17，M：5，Y：10，K：0）、（C：2，M：0，Y：4，K：0）、（C：7，M：5，Y：7，K：0）、（C：0，M：0，Y：4，K：0），接着去掉这些形状的轮廓线，效果如图9-168所示。

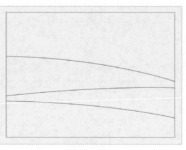

图9-167

图9-168

04 选中上一步绘制的对象，执行"位图>转换为位图" 菜单命令将其转换为位图，然后执行"位图>底纹>折皱"菜单命令，接着在打开的"折皱"对话框中设置"年龄"为30、"随机化"为20、颜色为（C：12，M：11，Y：31，K：0），设置如图9-169所示，效果如图9-170所示。

05 使用"椭圆形工具"在蓝色区域绘制圆形小白点，如图9-171所示。

图9-169

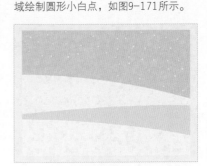

图9-170

图9-171

06 绘制小屋。使用"基本形状工具"和"多边形工具"分别绘制平行四边形和三角形作为小屋的屋顶，如图9-172所示；然后使用"矩形工具"绘制小屋的正面和侧面，效果如图9-173所示。

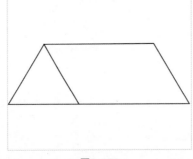

图9-172

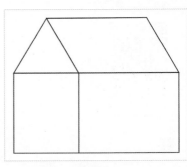

图9-173

07 选择"形状工具"，然后在左边的矩形上单击鼠标右键，在打开的菜单上选择"转换为曲线"命令，如图9-174所示；接着在底边上单击鼠标右键，在打开的菜单上选择"到曲线"命令，如图9-175所示，再将线段调整为如图9-176所示的形状。

图9-174

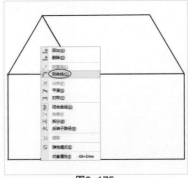

图9-175

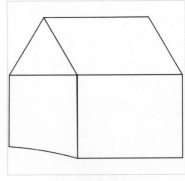

图9-176

08 使用与上一步相同的方法调整右边的矩形，如图9-177所示，然后从上到下依次填充颜色为（C：83，M：16，Y：25，K：0）、（C：98，M：86，Y：42，K：5）、（C：9，M：15，Y：24，K：0）、（C：19，M：24，Y：35，K：0），接着去掉小屋的轮廓线，效果如图9-178所示。

图9-177

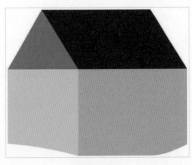

图9-178

09 绘制门、门锁及烟囱。使用"矩形工具" ▢ 在右边的矩形上绘制一个矩形作为门，然后填充颜色为（C：98，M：86，Y：42，K：5），如图9-179所示；接着在其属性栏中选择"圆角"，并设置矩形上侧的"转角半径"为10mm，设置如图9-180所示，最后去掉矩形的轮廓线，效果如图9-181所示。

图9-179

图9-180

图9-181

10 使用"椭圆形工具" ◯ 在门上绘制一个圆作为门锁，使用"矩形工具" ▢ 在屋顶绘制两个大小不一的矩形作为烟囱，然后都填充颜色为（C：98，M：92，Y：52，K：28），接着去掉轮廓线，效果如图9-182所示。

图9-182

11 绘制窗户。使用"矩形工具" ▢ 在页面空白处绘制一个矩形，然后填充白色，接着在其属性栏中选择"圆角"，再设置矩形上侧的的"转角半径"为3mm、"轮廓线宽度"为0.5mm，设置如图9-183所示，效果如图9-184所示。

图9-183

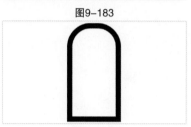
图9-184

12 使用"两点线工具" ✐ 在圆角矩形内绘制一个十字，然后在属性栏设置其"轮廓线宽度"为0.45mm，接着选中绘制完成的窗户，设置其轮廓线颜色为（C：98，M：86，Y：42，K：5），再框选窗户，最后按Ctrl+G组合键将其组合，效果如图9-185所示。

图9-185

13 将绘制完成的窗户复制多份，然后拖曳到小屋上面，如图9-186所示，接着框选小屋，按Ctrl+G组合键将其组合，再拖曳到背景上合适位置，如图9-187所示。

图9-186

图9-187

14 绘制树。选择"艺术笔工具" ✐，然后在属性栏中选择一种合适的"预设笔触"，如图9-188所示，接着设置合适的"笔触宽度"在页面空白处绘制如图9-189所示的树，再填充颜色为（C：98，M：86，Y：42，K：5），最后将其拖曳到背景中，如图9-190所示。

图9-188

图9-189

图9-190

15 导入"素材文件>CH09>素材07.cdr"文件，将文件中的素材拖曳到背景合适位置，效果如图9-191所示。

图9-191

16 使用"文本工具"字在背景中输入英文"Post Card"，然后选中文字，在其属性栏中设置"字体"为Advertising Gothic Demo、"大小"为60pt、"颜色"为（C: 57，M: 53，Y: 71，K: 37），如图9-192所示，接着在背景中输入相同的英文并选中，再在属性栏中设置"字体"为Advertiser、"大小"为72pt、"颜色"为（C: 6，M: 3，Y: 19，K: 0），效果如图9-193所示。

17 使用"矩形工具"在背景中绘制一个白色的矩形，然后取消轮廓线，接着使用"透明度工具"单击矩形，设置"透明度"为35，效果如图9-194所示。

图9-192

图9-193

图9-194

18 单击"表格工具"，然后在属性栏上设置"行数"和"列数"分别为9和1，接着在页面左上方绘制出表格，如图9-195所示，再双击状态栏中的"轮廓笔"工具，在打开的"轮廓笔"对话框中设置"宽度"为0.25mm，最后选择合适的"样式"，设置如图9-196所示，效果如图9-197所示。

图9-195

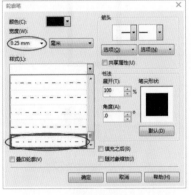

图9-196

图9-197

19 选中表格，然后在其属性栏中设置"边框选择"为外部、"边框"为"无"，设置如图9-198所示，效果如图9-199所示。

图9-198

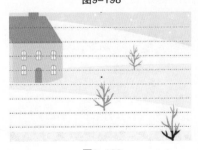

图9-199

20 使用"文本工具"字在背景中输入文本"Hello!"，然后将其选中，接着在属性栏中设置"字体"为Freehand521 BT、"大小"为48pt、"颜色"为（C: 56，M: 51，Y: 65，K: 2），效果如图9-200所示。

图9-200

21 使用"矩形工具"在背景中绘制一个白色的矩形，然后单击"表格工具"，在其属性栏上设置"行数"和"列数"分别为1和6，接着在页面左上方绘制出表格，并填充颜色为（C: 0，M: 0，Y: 0，K: 10），效果如图9-201所示。

图9-201

22 选中表格,然后在其属性栏中设置"边框选择"为"无",接着单击"选项"下拉菜单,勾选"单独的单元格边框",设置"水平单元格间距"为0mm,设置如图9-202所示,最后取消矩形的轮廓线,效果如图9-203所示。

图9-202

图9-203

23 将矩形和表格选中后按Ctrl+G组合键进行组合,然后拖曳到背景中,接着使用"透明度工具" 单击该对象,再设置"透明度"为50,效果如图9-204所示。

图9-204

24 导入"素材文件>CH09>素材08.cdr"文件,将其放置在最底层,最终效果如图9-205所示。

图9-205

9.9 课后习题

在本章末准备了两个课后习题,都是针对本章的知识点,希望大家认真仔细的练习。

9.9.1

课后习题

● 制作信纸

实例位置

实例文件 >CH09> 制作信纸 .cdr

素材位置

素材文件 >CH09> 素材 09.jpg

视频名称

制作信纸 .mp4

实用指数

★ ★ ★ ☆ ☆

技术掌握

创建表格

（扫码观看视频）

最终效果图

制作思路如图9-206所示。

新建一个空白文档，然后导入素材文件，接着使用"表格工具"绘制表格，最后在属性栏设置左右两边的轮廓线为"无"。

图9-206

● 制作日历书签

实例位置

实例文件 >CH09> 制作日历书签 .cdr

素材位置

素材文件 >CH09> 素材 10.cdr

视频名称

制作日历书签 .mp4

实用指数

★ ★ ★ ☆ ☆

技术掌握

文本表格互换

最终效果图

制作思路如图9-207所示。

导入素材图片，然后使用"文本工具"绘制文本框，并在文本框内输入文本，接着选中文本框执行"表格>文本转换为表格"菜单命令，将文本转换为表格，去掉轮廓线后拖入素材中。

Su,Mo,Tu,We,Th,Fr,Sa
,12,3,4,5,6
7,8,9,10,11,12,13
14,15,16,17,18,19,20
21,22,23,24,25,26,27
29,30

Su	Mo	Tu	We	Th	Fr	Sa
	1	2	3	4	5	6
7	8	9	10	11	12	13
14	15	16	17	18	19	20
21	22	23	24	25	26	27
29	30					

图9-207

CHAPTER
10 综合案例

在本章中，将学习用CorelDRAW X7制作综合案例，案例中涉及了CorelDRAW X7大部分的主要功能。本章案例包括字体设计、插画设计、海报设计、Logo设计、版式设计和产品包装设计，通过这些案例的学习，读者能熟练运用该软件的各种功能。

* 字体设计
* 插画设计
* 海报设计

* Logo设计
* 版式设计
* 产品包装设计

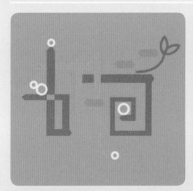

10.1

综合案例

（扫码观看视频）

● **字体设计**

实例位置

实例文件 >CH010> 字体设计 .cdr

素材位置

无

视频名称

字体设计 .mp4

实用指数

★★★★☆

技术掌握

字体的绘制方法

最终效果图

01 新建一个大小为138mm×138mm的文档，然后使用"钢笔工具" 在页面用绘制如图10-1所示的形状，并将其拖曳放置在一起，如图10-2所示。

图10-1

图10-2

02 继续使用"钢笔工具" 在页面中绘制形状，然后拖曳到合适位置，如图10-3所示，接着绘制剩余的字体轮廓，如图10-4所示。

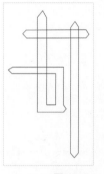

图10-3

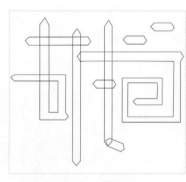

图10-4

03 为字体轮廓图分别填充黄色（C：0，M：20，Y：100，K：0）、橙色（C：0，M：60，Y：100，K：0）、绿色（C：20，M：0，Y：60，K：20），然后去掉轮廓线，效果如图10-5所示。

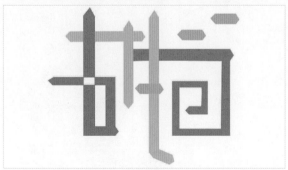

图10-5

04 绘制两个大小一样的圆，拖曳使其相交，然后选中两个圆，在属性栏中单击"相交"按钮，得到一个相交处的花瓣形状，如图10-6所示。

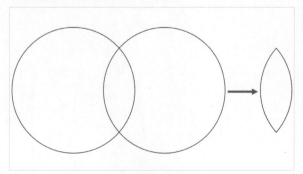

图10-6

05 将上一步得到的形状复制一份，然后调整它们的角度和距离，如图10-7所示，接着使用"钢笔工具" 绘制一条曲线，再将其拖曳到合适位置，效果如图10-8所示。

06 选中上一步绘制完成的形状，然后按Ctrl+G组合键将其组合，接着设置其轮廓宽度为1.8mm，轮廓颜色为橙色（C：0，M：60，Y：100，K：0），效果如图10-9所示，最后将其拖曳到文字上进行装饰，效果如图10-10所示。

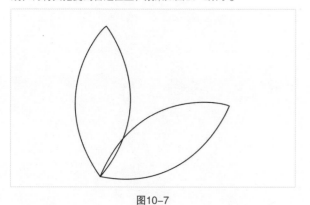

图10-7

图10-9

图10-8

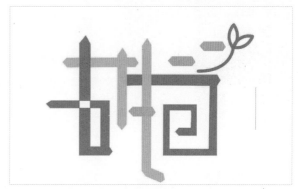

图10-10

07 绘制几个大小不一的圆，然后然后设置其轮廓宽度为1.8mm，轮廓颜色为（C：0，M：0，Y：20，K：0），并将其拖曳到绘制好的文字中进行装饰，接着双击"矩形工具" 新建一个和页面大小相同的矩形，再为其填充颜色为（C：20，M：0，Y：0，K：20），最后去掉轮廓线，最终效果如图10-11所示。

图10-11

10.2 综合案例

（扫码观看视频）

● 插画设计

实例位置

实例文件 >CH010> 插画设计 .cdr

素材位置

素材文件 >CH010> 素材 01.cdr、02.cdr

视频名称

插画设计 .mp4

实用指数

★★★★☆

技术掌握

插画的绘制方法

最终效果图

01 新建一个大小为210mm×297mm的文档，然后使用"矩形工具" 🔲 绘制一个矩形，并并排复制一个，如图10-12所示，接着选中复制的矩形按Ctrl+Q组合键将其转换为曲线，最后使用"形状工具" 🔧 将其调整到如图10-13所示的形状。

图10-12

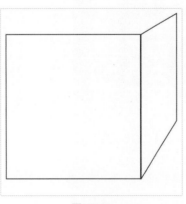

图10-13

02 使用上述相同的方法绘制出盒子的顶面，如图10-14所示，然后设置盒子的轮廓颜色为(C: 36, M: 76, Y: 85, K: 2)，效果如图10-15所示。

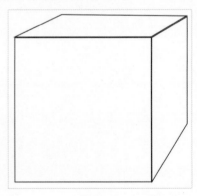

图10-14

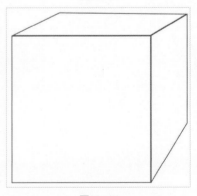

图10-15

03 选择"交互式填充工具" ，然后为盒子的正面填充渐变颜色，设置起始节点的颜色为（C：16，M：78，Y：81，K：0），"透明度"为2，结束节点的颜色为（C：38，M：86，Y：100，K：86），效果如图10-16所示。

04 为盒子的侧面填充渐变颜色，设置起始节点的颜色为（C：43，M：80，Y：96，K：14），结束节点的颜色为（C：29，M：71，Y：73，K：5），"透明度"为2，效果如图10-17所示。

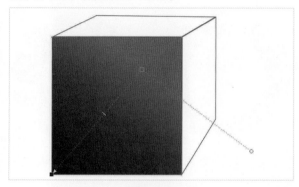

图10-16

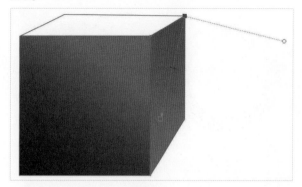

图10-17

05 为盒子的顶面填充渐变颜色，设置起始节点的颜色为（C：61，M：89，Y：100，K：88），结束节点的颜色为（C：43，M：82，Y：100，K：29），"透明度"为2，效果如图10-18所示。

06 双击"矩形工具" 新建一个和页面大小相同的矩形，然后为其填充颜色为（C：41，M：2，Y：20，K：0），并在去掉轮廓线后将其锁定，如图10-19所示，接着导入"素材文件>CH010>素材01.cdr"文件，将其置于页面下方，再将绘制完成的盒子拖曳到人像头顶，效果如图10-20所示。

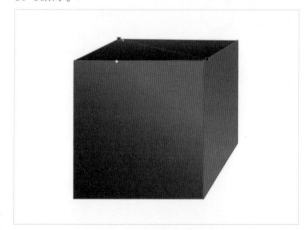

图10-18

图10-19　　　　图10-20

07 使用"折线工具" 在页面中绘制三条不相同的折线，然后更改线条颜色为（C：0，M：0，Y：0，K：10），接着复制多份，再分别选中相同形状的折线，按Ctrl+G组合键进行组合，效果如图10-21所示。

图10-21

08 使用"折线工具" 绘制一些折线和直线，然后使用"椭圆形工具" 绘制圆，将绘制好的折线、直线和圆复制多份进行排列组合，接着拖曳到页面合适位置，效果如图10-22所示。

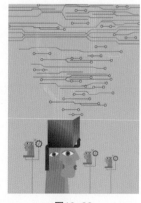

图10-22

09 使用"椭圆形工具" ○绘制圆，然后设置其轮廓宽度为1.5mm，轮廓颜色为（C: 80, M: 26, Y: 27, K: 48），如图10-23所示，接着使用"钢笔工具" ▲绘制形状，再将其复制进行排列，效果如图10-24所示。

图10-23

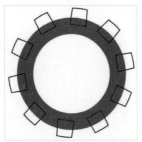
图10-24

10 为排列好的形状填充颜色（C: 80, M: 26, Y: 27, K: 48），然后去掉轮廓线，如图10-25所示，接着框选对象将其复制一份，最后选中复制对象执行"对象>合并"菜单命令得到新图形，如图10-26所示。

图10-25

图10-26

11 绘制一个圆和一条直线，然后设置轮廓线颜色为（C: 80, M: 26, Y: 27, K: 48），并将调整角度后的直线放置在圆上，如图10-27所示，接着选中圆和直线，再单击属性栏中的"简化"按钮 ⬚，得到如图10-28所示的形状，在组合后将其拖曳到合并之前的图形中，效果如图10-29所示。

图10-27

图10-28

图10-29

12 将如图10-30所示的图形进行排列组合，然后执行"对象>合并"菜单命令或者"对象>造型"中的一些菜单命令，得到如图10-31所示的图形。

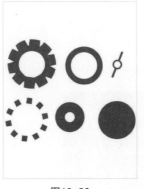
图10-30

图10-31

13 按住Shift键将如图10-32所示的图形进行拖曳放大，得到如图10-33所示的图形。

图10-32

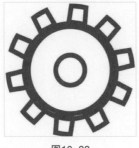
图10-33

14 将上述绘制的所有齿轮图形复制多个，然后调整大小并拖曳到页面中合适的位置，效果如图10-34所示，接着导入"素材文件>CH010>素材02.cdr"文件并将其拖曳到页面合适的位置处，最终效果如图10-35所示。

图10-34

图10-35

10.3 综合案例

● 海报设计

实例位置

实例文件 >CH010> 海报设计 .cdr

素材位置

素材文件 >CH010> 素材 03.cdr

视频名称

海报设计 .mp4

实用指数

★★★★☆

技术掌握

海报的绘制方法

最终效果图

01 打开 "素材文件>CH010>素材03.cdr" 文件，并将其锁定，如图10-36所示。

02 双击 "矩形工具" ▭ 新建一个和页面大小相同的矩形，然后选中素材按Ctrl+End组合键将素材置于底层，接着使用 "钢笔工具" ✎ 在矩形内绘制人头形状，完成后设置矩形和人头的 "轮廓宽度" 为1.7mm、轮廓线颜色为（C：14，M：96，Y：100，K：0），效果如图10-37所示。

图10-36

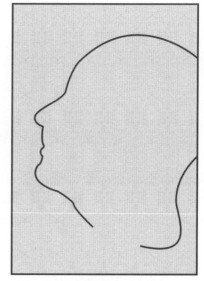

图10-37

03 将矩形转换为曲线，然后使用"形状工具" 在人头形状和矩形的交界处各添加一个节点，如图10-38所示，接着选中其中一个节点，单击属性"断开曲线"按钮 断开曲线，再使用相同的方法断开另一个节点，最后删除两节点之间的短线段，如图10-39所示。

04 使用"2点线工具" 在人头中的上方绘制竖直线，并设置不同的"轮廓线宽度"和颜色，如图10-40所示。

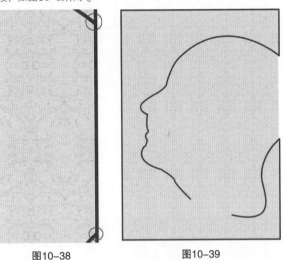

图10-38　　　　图10-39

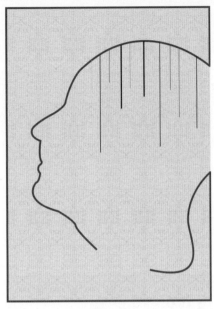

图10-40

05 绘制灯芯。使用"钢笔工具" 和"多边形工具" 绘制曲线调整设置"轮廓宽度大小"为0.75mm，接着从左到右依次为线条和三角形填充颜色为（C: 0, M: 10, Y: 100, K: 0）、（C: 0, M: 60, Y: 100, K: 0）、（C: 0, M: 100, Y: 100, K: 0）、（C: 100, M: 75, Y: 0, K: 0）、（C: 100, M: 20, Y: 0, K: 0）、（C: 60, M: 0, Y: 0, K: 0），效果如图10-41所示。

06 绘制灯头。使用"矩形工具" 绘制一个矩形，然后在其属性栏中设置"转角半径"为10mm，并复制多份调整长度，如图10-42所示，接着从上到下依次填充颜色为（C: 60, M: 0, Y: 0, K: 0）、（C: 100, M: 20, Y: 0, K: 0）、（C: 100, M: 75, Y: 0, K: 0）、（C: 0, M: 100, Y: 100, K: 10）、（C: 0, M: 60, Y: 100, K: 0），最后去掉轮廓线，效果如图10-43所示。

图10-42

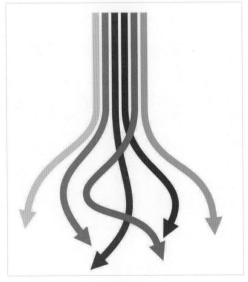

图10-41

图10-43

07 使用"钢笔工具" 绘制灯泡外壳形状，如图10-44所示，然后将之前绘制好的灯芯和灯头进行组合排列，效果如图10-45所示。

图10-44

图10-45

08 更改灯泡外壳的轮廓颜色和轮廓宽度，然后将其复制多份，并适当改变其形状，接着拖曳到页面的人头中，效果如图10-46所示。

09 使用"文本工具" 在页面中输入英文文字，然后设置合适的字体大小和样式，接着从左到右依次为字母填充颜色为(C: 100, M: 75, Y: 0, K: 0)、(C: 0, M: 60, Y: 100, K: 0)、(C: 100, M: 20, Y: 0, K: 0)、(C: 0, M: 10, Y: 100, K: 0)、(C: 60, M: 0, Y: 0, K: 0)，最终效果如图10-47所示。

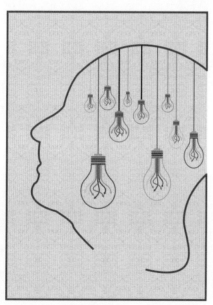

图10-46

图10-47

10.4 综合案例

● Logo 设计

实例位置

实例文件 >CH010>Logo 设计 .cdr

素材位置

无

视频名称

Logo 设计 .mp4

实用指数

★ ★ ★ ★ ☆

技术掌握

Logo 的绘制方法

最终效果图

01 新建一个大小为210mm×210mm的文档，然后双击"矩形工具"□新建一个和页面大小相同的矩形，填充颜色为（C：60，M：31，Y：25，K：0），接着去掉轮廓线，如图10-48所示。

图10-48

02 使用"矩形工具"□绘制一个矩形，然后在其属性栏中设置"转角半径"为10mm，再复制多份调整长度后进行排列，如图10-49所示，接着为其填充白色，再去掉轮廓线，效果如图10-50所示。

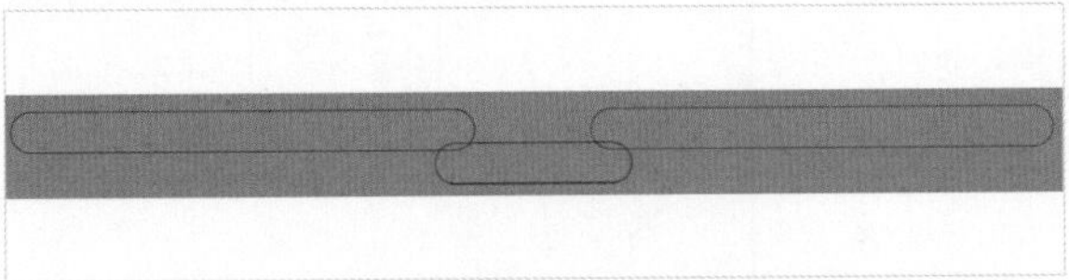

图10-49

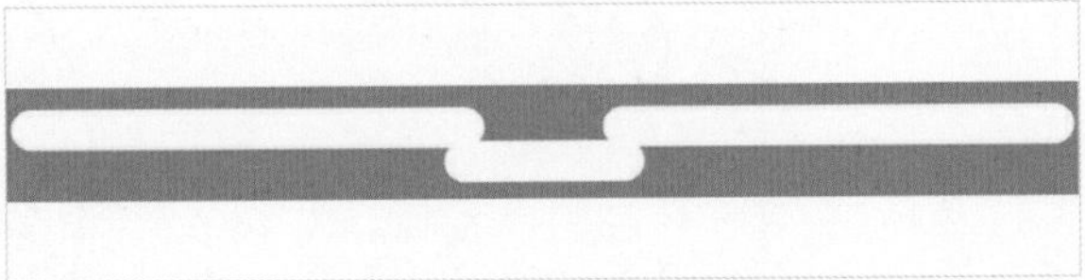

图10-50

03 使用"钢笔工具"□在组合的图形上绘制图形，如图10-51所示，然后填充白色，去掉轮廓线，接着按Ctrl+G组合键将这些图形进行组合，如图10-52所示。

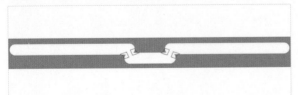

图10-51

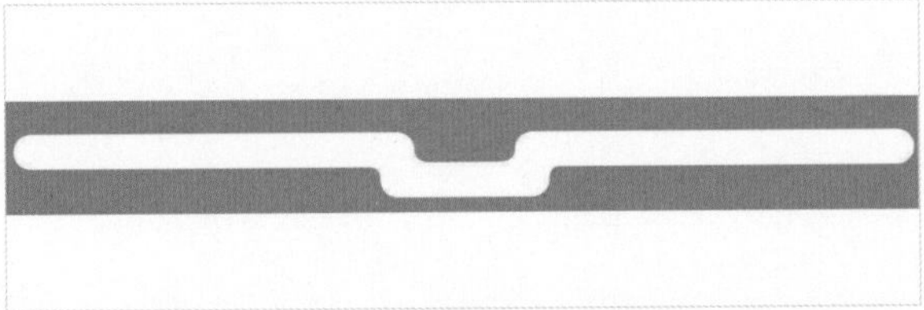

图10-52

04 使用"钢笔工具" 🖊 在页面中绘制形状，然后将形状按顺序进行排列，如图10-53所示，接着选中这些形状水平拖曳复制一份，再单击属性栏中的"水平镜像"按钮 ⬌，最后调整其位置，效果如图10-54所示。

图10-53

图10-54

05 使用"椭圆形工具" ⬭ 绘制一个圆和两个椭圆并填充白色，然后进行如图10-55所示的排列，接着框选这三个图形，再单击属性栏中"修剪"按钮 🔲，得到如图10-56所示的形状，最后去掉形状的轮廓线，拖曳到图10-57所示的位置。

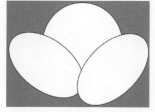

图10-55

图10-56

图10-57

06 使用"钢笔工具" 🖊绘制如图10-58所示的形状，然后使用"艺术笔工具" 🖌绘制一个鸽子的形状，如图10-59所示，接着选中鸽子形状，按Ctrl+G组合键将其组合。

07 将鸽子形状拖曳到如图10-60所示的位置，然后使用"椭圆形工具" ⬭绘制一个圆，并填充颜色为(C: 20, M: 0, Y: 0, K: 20)，接着去掉轮廓线，放置在背景图层的上一层，效果如图10-61所示。

图10-58

图10-60

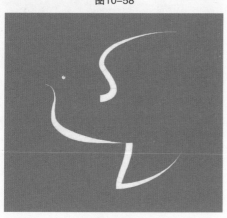

图10-59

图10-61

08 将上一步绘制的圆复制一份，然后填充白色，并放置在背景图层的上一层，如图10-62所示，接着使用"文本工具"字在页面中输入文字，最终如图10-63所示。

图10-62

图10-63

<table>
<tr><td rowspan="2">10.5

综合案例</td></tr>
</table>

● 版式设计

实例位置

实例文件 >CH010> 版式设计 .cdr

素材位置

素材文件 >CH010> 素材 04.jpg

视频名称

版式设计 .mp4

实用指数

★★★★☆

技术掌握

版式的设计方法

（扫码观看视频）

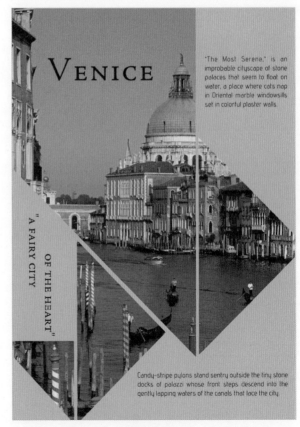

最终效果图

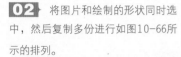 新建一个A4大小的文档，然后导入"素材文件>CH010>素材04.jpg"文件，如图10-64所示，接着使用"基本形状工具" 和 "折线工具" 在页面中绘制4个形状，为突出显示形状，可将其轮廓线颜色更改为白色，如图10-65所示。

图10-64 图10-65

 将图片和绘制的形状同时选中，然后复制多份进行如图10-66所示的排列。

图10-66

 将第一张图片选中，如图10-67所示，然后执行"对象>图框精确裁剪>置于图文框内部"菜单命令，将图片置于最上面的形状中，效果如图10-68所示，为方便在没有背景色的页面中观察形状的轮廓线，可将其改为其他颜色，这里更改为绿色。

图10-67 图10-68

04 使用相同的方法将图像置于其他的形状中，效果如图10-69~图10-71所示。

图10-69

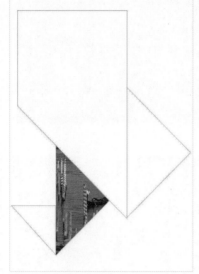

图10-70

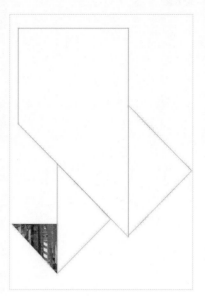

图10-71

05 双击"矩形工具" 新建一个和页面大小相同的矩形，然后填充颜色为（C：0，M：16，Y：95，K：0），接着将置入图片的四个形状拖曳到页面中进行排列，最后去掉轮廓线，如图10-72所示。

06 将所有图片选中，然后执行"对象>图框精确裁剪>置于图文框内部"菜单命令，将图片置于背景颜色中，效果如图10-73所示，接着使用"文本工具" 在页面中输入文字，最终效果如图10-74所示。

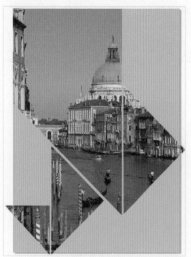

图10-72

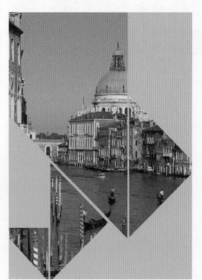

图10-73

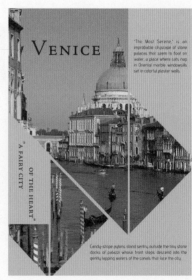

图10-74

10.6

综合案例

（扫码观看视频）

最终效果图

● 产品包装设计

实例位置		素材位置 素材文件 >CH010> 素材 05.jpg、	
实例文件 >CH010> 版式设计 .cdr		06.png、07.png、08.cdr	
视频名称		实用指数	技术掌握
版式设计 .mp4		★★★★☆	产品包装的设计方法

01 绘制图标。新建一个大小为278mm×175mm的文档，然后使用"椭圆工具" ◯，在页面中绘制一个大圆和一个小椭圆，接着将椭圆拖曳到圆边上，如图10-75所示，再双击椭圆，使其呈旋转状态，最后将椭圆的圆心拖曳到圆的圆心处，如图10-76所示。

02 按Alt+F8组合键打开"变换"泊坞窗，然后在其中设置"旋转角度"为12、"副本"为29，设置如图10-77所示，效果如图10-78所示。

图10-75

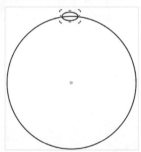

图10-76

图10-77

图10-78

03 选中旋转后的对象，然后单击属性栏中"合并"图标 ◻，得到如图10-79所示的效果，接着设置其轮廓线宽度为1mm，并填充白色，再使用"椭圆工具" ◯，在对象中绘制一个同心圆，最后全选该对象，设置轮廓线的颜色为（C：44，M：72，Y：65，K：69），效果如图10-80所示。

图10-79

图10-80

04 将对象中心的圆复制一份，然后放大一点，填充颜色为（C: 0, M: 36, Y: 94, K: 0），最后去掉轮廓线，效果如图10-81所示。

05 使用"椭圆工具" 在黄色圆的旁边绘制两个小圆，然后填充颜色为（C: 6, M: 49, Y: 99, K: 0），最后去掉轮廓线，效果如图10-82所示。

06 选择"艺术笔工具" ，然后在其属性的"预设笔触"中选择如图10-83所示的笔触，接着在页面空白处绘制一个杯子，如图10-84所示。

图10-83

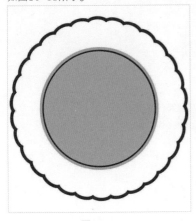
图10-81

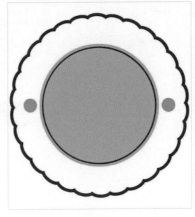
图10-82

图10-84

07 继续使用"艺术笔工具" 在杯子上方绘制三条曲线作为热气，在杯子底部绘制曲线作为托盘，效果如图10-85所示，然后再使用"艺术笔工具"将整个对象描绘一遍，加深其颜色和线条轮廓，接着填充颜色为（C: 56, M: 79, Y: 68, K: 85），最后全选对象按Ctrl+G组合键将其组合，效果如图10-86所示。

图10-85
图10-86

08 将杯子拖曳到之前绘制的圆形对象中，效果如图10-87所示，然后使用"文本工具" 在页面中输入文字"SINCE 1987"，接着填充颜色为（C: 44, M: 72, Y: 65, K: 69），设置字体大小为10pt，效果如图10-88所示。

图10-87

SINCE　1987
图10-88

09 选中文字执行"文本>是文本适合路径"菜单命令，然后将鼠标移动到黄色圆的下边缘上，使其适合圆的路径，如图10-89所示，效果如图10-90所示。

10 将文字向下拖曳移动到合适位置，如图10-91所示，效果如图10-92所示。

11 选中文字，然后单击属性栏中的"水平镜像文本"图标，效果如图10-93所示，接着单击"垂直镜像文本"图标，效果如图10-94所示。

图10-89

图10-91

图10-93

图10-90

图10-92

图10-94

12 保持文字的选中状态，按Ctrl+T组合键打开"文本属性"泊坞窗，然后在"段落"中设置"字符间距"为150%，设置如图10-95所示，效果如图10-96所示。

图10-95

图10-96

13 选中文本中的数字"1987"，然后按Ctrl+B组合键将其加粗，效果如图10-97所示，接着使用"文本工具" 📝 在页面中输入文字"COFFEE FAMILY"，填充颜色为（C：44，M：72，Y：65，K：69），再设置字体大小为12pt，效果如图10-98所示。

14 保持文字的选中状态，然后在"文本属性"泊坞窗中的"段落"下设置"字符间距"为150%，效果如图10-99所示，再选中文本中的英文"FAMILY"，然后按Ctrl+B组合键将其加粗，效果如图10-100所示。

图10-97

COFFEE FAMILY

图10-98

C O F F E E F A M I L Y

图10-99

C O F F E E **FAMILY**

图10-100

Tips

因为之前已经制作过类似的文字效果，所以这里就可以先调整字的大小、间距和粗细。

15 选中文字执行"文本>是文本适合路径"菜单命令，然后将鼠标移动到黄色圆的上边缘上，使其适合圆的路径，如图10-101所示，效果如图10-102所示，将文字向上拖曳移动到合适位置，效果如图10-103所示。

图10-101

图10-102

图10-103

16 在图标底层绘制一个正方形，然后填充颜色为（C：0，M：0，Y：0，K：90），并去掉轮廓线，效果如图10-104所示，接着在正方形上绘制一个白色矩形，再设置其轮廓线宽度为0.75mm，最终效果如图10-105所示。

图10-104

图10-105

17 绘制树叶。使用"椭圆工具" 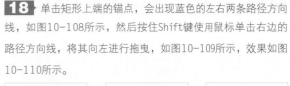 在页面空白处绘制一个立着的椭圆，如图10-106所示，然后选择"形状工具" 在椭圆上单击鼠标右键，在打开的菜单选择"转换为曲线"命令，如图10-107所示。

18 单击矩形上端的锚点，会出现蓝色的左右两条路径方向线，如图10-108所示，然后按住Shift键使用鼠标单击右边的路径方向线，将其向左进行拖曳，如图10-109所示，效果如图10-110所示。

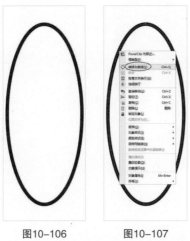

图10-106　　　　　　图10-107

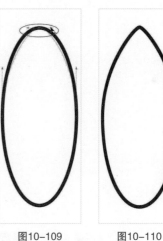

图10-108　　　　图10-109　　　　图10-110

19 使用与上一步相同的方法调整椭圆下面的路径方向线，效果如图10-111所示，然后填充颜色为(C: 25, M: 38, Y: 61, K: 16)，并去掉轮廓线，效果如图10-112所示。

20 将变形后的椭圆复制一份，进行调整，如图10-113所示，然后填充白色，并将其拖曳到椭圆上，如图10-114所示，最后选中两者，单击属性栏中的"移除前面对象"按钮 ，效果如图10-115所示。

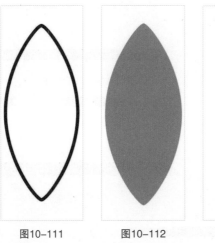

图10-111　　　　图10-112　　　　图10-113　　　　图10-114　　　　图10-115

21 将绘制完成的树叶复制一份，然后选中其中一份进行缩小操作，并在属性栏中设置"旋转角度"为60度，效果如图10-116所示，接着将旋转后的树叶向左复制一份，最后单击属性栏中的"水平镜像"按钮 ，效果如图10-117所示。

图10-116

图10-117

22 将绘制完成的三片树叶进行如图10-118所示的排列放置，然后按Ctrl+G组合键将其组合，接着在对象背面绘制一个白色矩形，如图10-119所示。

图10-118

图10-119

23 在树叶上面绘制一条横线，然后在属性栏设置"轮廓宽度"为0.6mm，并更改横线颜色为（C: 25, M: 38, Y: 61, K: 16），效果如图10-120所示，接着将横线复制一份，移动到矩形下方，最后在矩形中间输入文字"Black Coffee"，效果如图10-121所示。

图10-120

图10-121

24 取消矩形的轮廓线，然后将所有对象组合，接着将其拖曳到图标的下方，效果如图10-122所示。

图10-122

25 绘制咖啡盒。使用"基本形状工具"中的平行四边形形状在页面空白处绘制一个平行四边形，然后填充颜色为（C: 60, M: 100, Y: 100, K: 21），并取消轮廓线，效果如图10-123所示；接着使用"形状工具"在平行四边形上单击鼠标右键，在打开的菜单中选择"转换为曲线"命令，如图10-124所示，最后将平行四边形调整为效果如图10-125所示的形状。

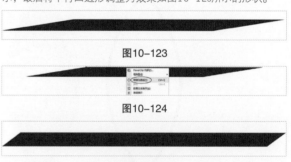

图10-123

图10-124

图10-125

26 在平行四边形下面绘制一个矩形，如图10-126所示，然后导入"素材文件>CH010>素材05.jpg"文件，如图10-127所示。

图10-126

图10-127

27 选中素材，执行"对象>图框精确裁剪>置于图文框内部"菜单命令，然后单击矩形，将素材置于矩形中，如图10-128所示，去掉轮廓线效果如图10-129所示。

图10-128

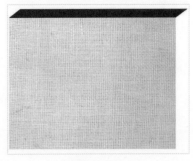

图10-129

28 复制平行四边形，然后在属性栏中设置"旋转角度"为90度，并单击"垂直镜像"按钮，效果如图10-130所示，接着将其移动到矩形右侧，最后使用"形状工具"将其调整到如图10-131所示的形状。

29 选中调整后的对象，然后双击状态栏上的"编辑填充"按钮，接着在打开的"编辑填充"对话框中选择"渐变填充"，再设置"调和过度"的"类型"为"线性渐变填充"，最后设置"节点位置"为0%处的颜色为（C：81，M：80，Y：78，K：62）、"节点位置"为15%处的颜色为（C：31，M：67，Y：98，K：0）、"节点位置"为100%处的颜色为（C：3，M：31，Y：73，K：0），设置如图10-132所示，效果如图10-133所示。

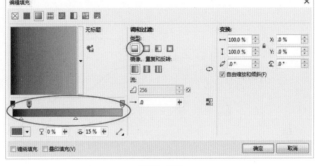

图10-130　　图10-131　　　　　　　　　　图10-132　　　　　　　　　　　图10-133

30 顺着平行四边形的右侧边和底边绘制一条折线，然后在属性栏中设置"轮廓宽度"为1.2mm，并更改颜色为（C：60，M：100，Y：100，K：21），如图10-134所示。

图10-134

31 在正面的素材上单击鼠标右键，然后在打开的菜单中选择"顺序>到图层前面"命令，将素材置于最前面，如图10-135所示，这样咖啡盒外形就基本制作完成了，接着将整个盒子选中，再按Ctrl+G组合键将其组合，效果如图10-136所示。

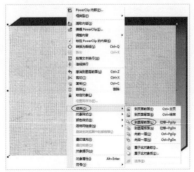

图10-135

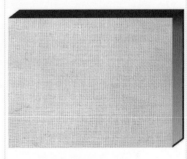

图10-136

32 在盒子正面的下方绘制一个矩形，然后填充颜色为（C：67，M：84，Y：100，K：60），并去掉轮廓线，如图10-137所示，接着将图标拖曳到矩形上方，适当的调整大小，效果如图10-138所示。

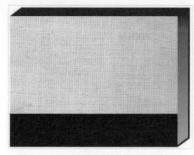

图10-137

图10-138

33 将图标中的咖啡杯复制一份，如图10-139所示，然后填充白色，并将其拖曳到矩形中，如图10-140所示。

图10-139

图10-140

34 绘制咖啡豆。使用"钢笔工具" 绘制如图10-141所示的形状，然后使用"椭圆工具" 绘制一个椭圆，并将其拖曳到形状上，接着将形状上半边的弧形调整到与椭圆一致，如图10-142所示。

图10-141

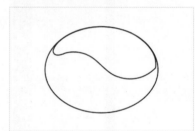

图10-142

35 将上一步中的形状复制一份，然后单击属性栏中的"垂直镜像"按钮将其镜像，接着将其向下拖曳到椭圆的边缘，如图10-143所示，最后删除椭圆，咖啡豆的基本形状就绘制完成了，效果如图10-144所示。

图10-143

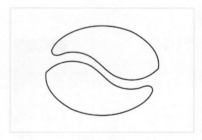

图10-144

36 为咖啡豆填充颜色为(C：0，M：7，Y：20，K：0)，然后去掉轮廓线，并按Ctrl+G组合键将其组合，效果如图10-145所示，接着将咖啡豆复制两份，再调整节角度、大小和位置，最后选中三颗咖啡豆按Ctrl+G组合键将其组合，效果如图10-146所示。

图10-145

图10-146

37 将咖啡豆拖曳到咖啡杯的右下角，如图10-147所示，接着导入"素材文件>CH010>素材06.png、07.png、08.cdr"文件，效果如图10-148所示。

图10-147

图10-148

38 绘制咖啡袋。双击"矩形工具"创建一个和页面大小相同的矩形，然后填充颜色为（C: 20, M: 0, Y: 20, K: 40），并取消轮廓线，如图10-149所示，接着使用"钢笔工具" 在矩形中绘制形状，如图10-150所示。

图10-149

图10-150

39 为形状填充颜色为（C: 9, M: 31, Y: 62, K: 0），然后更改轮廓线颜色为（C: 38, M: 69, Y: 96, K: 9），效果如图10-151所示，接着使用相同的方法绘制咖啡袋的侧面，最后填充颜色为（C: 35, M: 46, Y: 75, K: 0），更改轮廓线颜色为（C: 38, M: 69, Y: 96, K: 9），效果如图10-152所示。

40 使用"钢笔工具" 绘制咖啡袋上的开口，然后填充颜色为（C: 7, M: 6, Y: 9, K: 0），并去掉轮廓线，效果如图10-153所示；接着使用"钢笔工具" 在袋子正面上方绘制一条曲线，作为袋子正面的手提绳，如图10-154所示。

图10-153

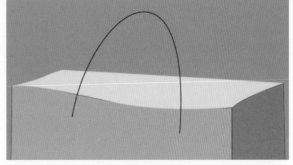

图10-151

图10-152

图10-154

41 将曲线复制一份，然后选中，接着在属性栏中设置"轮廓宽度"为1.8mm，再更改轮廓线颜色为白色，效果如图10-155所示。

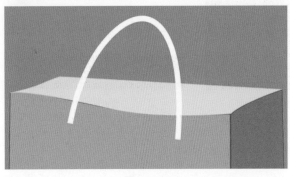

图10-155

42 将白色曲线移动到黑色曲线的下一层，然后更改黑色曲线的颜色为（C：0，M：0，Y：0，K：20），效果如图10-156所示。

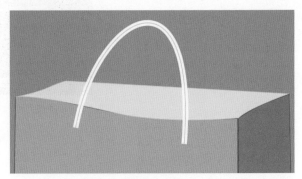

图10-156

43 在曲线的左端绘制一个白色小圆，然后去掉轮廓线，如图10-157所示，接着将其复制一份拖曳到曲线的右端，效果如图10-158所示。

图10-157

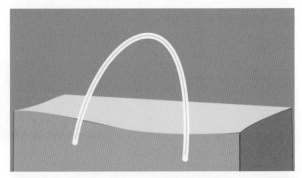

图10-158

44 使用与绘制正面手提绳相同的方法绘制咖啡袋背面的手提绳，然后按Ctrl+G组合键将其组合，如图10-159所示；接着选中该手提绳，执行"对象>顺序>置于此对象后"菜单命令，再单击袋子的开口处，如图10-160所示，将其置于袋子背面，效果如图10-161所示。

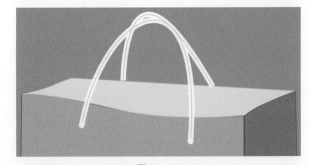

图10-159

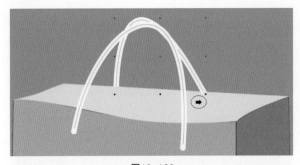

图10-160

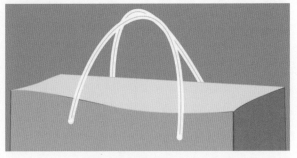

图10-161

45 选择"艺术笔工具" ，然后在其属性的"预设笔触"中选择如图10-162所示的笔触，并设置合适的"笔触宽度"，接着在袋子开口处绘制两条黑线，如图10-163所示。

图10-162

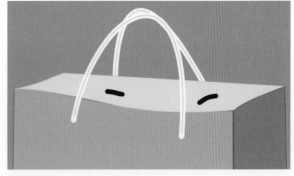

图10-163

46 将图标移动到袋子正面，如图10-164所示，然后选中图标单击鼠标右键，在打开的菜单中选择"转换为曲线"命令，如图10-165所示。

图10-164 　　　　　　　　　图10-165

47 选中转曲后的对象，然后执行"效果>添加透视"菜单命令，此时对象上会出现锚点和网格虚线，如图10-166所示，接着调整四个锚点，效果如图10-167所示。

图10-166 　　　　　　　　　图10-167

48 将咖啡盒下面的对象移动到页面背景中，然后按Ctrl+G组合键将其组合，如图10-168所示，接着复制多份进行无序排列，效果如图10-169所示。

图10-168 　　　　　　　　　图10-169

49 全选复制的对象，然后执行"对象>图框精确裁剪>置于图文框内部"菜单命令，接着单击咖啡袋正面，如图10-170所示，将对象置于咖啡袋正面中，效果如图10-171所示。

图10-170 　　　　　　　　　图10-171

50 将如图10-172所示的素材复制一份，然后拖曳到咖啡袋的侧面，填充颜色为（C：60，M：100，Y：100，K：21），如图10-173所示。

51 选中对象执行"效果>添加透视"菜单命令，此时对象上会出现锚点和网格虚线，如图10-174所示，然后调整四个锚点，接着将其移动到合适位置，效果如图10-175所示。

图10-172

图10-173

图10-174

图10-175

52 选中咖啡袋按Ctrl+G组合键将其组合，然后选择"阴影工具" ，从袋子底部想右上拖曳鼠标，如图10-176所示，最后在其属性栏中设置"阴影角度"为45、"阴影延展"为50、"阴影淡出"为15、"阴影的不透明度"为40、"阴影羽化"为18、"阴影颜色"为"黑色"、"合并模式"为"乘"，设置如图10-177所示，效果如图10-178所示。

图10-176

图10-177

图10-178

53 将绘制好的咖啡盒也拖曳到页面的背景中并选中，如图10-179所示，然后选择"阴影工具" ，在其属性栏中单击"复制引用效果属性"按钮 ，再单击咖啡盒的阴影，如图10-180所示，最终效果如图10-181所示。

图10-179

图10-180

图10-181